2021年版 ソムリエ、ワインエキスパート認定試験合格のための問題と解説

認定試験合格をめざす

田辺由美のワインノート

田辺由美の WINE SCHOOL 主宰
ワインアンドワインカルチャー㈱社長
(一社)日本ソムリエ協会シニア・ソムリエ
田辺由美

飛鳥出版

目　　次

　「ソムリエ、ワインエキスパート呼称資格認定試験」は一般社団法人日本ソムリエ協会が主宰し、ワイン業界においては日本で唯一の資格試験です。

　この資格取得を目指す皆様は、様々な勉強方法を試みていることと思います。しかし、どこから手を付けてよいのか、自分の実力は合格水準に達しているのかと、不安に感じることでしょう。合格するには確実に理解し、覚えることが必要です。この問題集を有効に活用することによって必ず合格の道が開けます。

　2021年度版 WINE NOTE は、CBT方式の認定試験に十分役立つ内容となっています。また、基礎編では各問題に「田辺由美のWINE BOOK」のページを表示し、問題を解きながら、設問の内容を確認できるようにしています。出題が増えている、ニューワールドやその他のヨーロッパの産地の問題も充実させています。

　基礎から学べ、資格試験合格への道を開く、使いやすい WINE NOTE を活用し、ソムリエ、ワインエキスパートを目指してください。

2021年1月
田辺由美の WINE SCHOOL　主宰
(一社) 日本ソムリエ協会認定　シニア・ソムリエ
田 辺 由 美

「田辺由美の WINE NOTE」活用法
　本書は基礎から応用へと順に勉強することができます。また、各問題に対応する「田辺由美のWINE BOOK」のページを表示しています。

「基礎編」
●ワインの基本的な理解ができているかどうかをチェックしてください。
●間違えた個所は解説と対応する「田辺由美の WINE BOOK」を使って理解を深めるようにしましょう。

「応用編」
●内容は資格試験とほぼ同等の難易度です。
●ワインに関する用語は全て原語で書かれています。原語での出題に慣れるようにしてください。

「模擬試験」
●資格試験に合わせた4択問題。
●過去の試験問題に添った内容で、「田辺由美の WINE BOOK」に掲載の無い問題も含まれています。

基礎編

1．ワイン概論（1）

① 次のぶどう栽培に関する記述の（　　）に当てはまる言葉を下記より選びなさい。（重複可）

1．ワインの生産は北緯（ア　　）度と（イ　　）度の間、南緯（ウ　　）度と（エ　　）度の間に帯状に広がっており、これをワインベルトという。ワイン用のぶどう栽培には平均気温が摂氏（オ　　）℃から（カ　　）℃が最適といわれている。

①10　②16　③20　④30　⑤40　⑥50　⑦60

2．ぶどう栽培において、4月1日〜10月31日の生育期間で必要な日照時間は（ア　　）時間〜（イ　　）時間である。また、年間降雨量は、（ウ　　）mm〜（エ　　）mmが望ましく、冬季から春季に雨が降り、生育期間には日射が多い場所が適している。

①500　②600　③700　④800　⑤900　⑥1,000　⑦1,100　⑧1,200
⑨1,300　⑩1,400　⑪1,500

② 次のぶどうの生育サイクルの説明で誤っている文章を2つ選びなさい。

1．初夏の開花期にはぶどうの蔓や葉が伸びる時期でもあり、配蔓や整枝、除草等の仕事が始まる。

2．剪定はぶどうの蔓が伸びる、夏季に一斉に行われる。

3．北半球のぶどうの色付き期の7月〜8月には余分な房や生育の悪い房を取り除く、摘房（グリーンハーベスト）の作業が行われる。

4．ぶどうの収穫は一般的に開花から200日目が目安である。

5．ぶどうの色づきはフランス語でヴェレゾン（Véraison）と言われる。

③ 次はぶどうの仕立て方のスケッチである。この中から、世界で最も一般的に行われているギヨー・ドゥーブル仕立てを選びなさい。

1.　　　　　2.　　　　　3.　　　　　4.

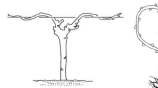   

【解説】

① 基本的なぶどうの栽培条件はすらすらと言えるようにしておきましょう。ぶどう栽培には日照がとても大切です。ですから、より多くの日照を得ることのできる南東向きの斜面には有名な畑が多くあります。また、ぶどう栽培には肥沃な土壌ではなく、やせた水はけの良い土壌が適しています。（WB→8p）

栽培地域…北緯30度〜50度、
　　　　　南緯30度〜50度
温度…
　　　平均気温10℃〜16℃
日照時間…生育期間1,000
　　　　時間〜1,500時間
降雨量…
　　　年間500mm〜900mm

② ぶどうの生育サイクルは落葉期・休眠期→発芽期→開花期→生育期・色付き期→収穫期です。北半球と南半球では約6か月のずれがあります。剪定は休眠期の冬季に行われます。また、開花から100日後が収穫を始める目安です。原語で覚えておきたい言葉としては剪定（Taille タイユ）・発芽（Débourrement デブールマン）・開花（Floraison フロレゾン）・色付き（Véraison ヴェレゾン）・収穫（Vendange ヴァンダンジュ）があります。（WB→9p）

③ ぶどうの仕立て方は気候や地勢によって変わります。近年は耕作機械が使いやすい、垣根仕立て（ギヨーやコルドン）が増えてきています。日本で行われている棚仕立ては湿度の高い地域に向いています。（WB→9〜10p）

④ 次の説明に当てはまる病害を下記より選びなさい。

和名をブドウ根アブラムシといい、植物の根や葉に寄生し、樹液を吸って栄養とするため、ぶどう樹に大きな被害を与え枯死に至らしめる場合もある。1860年から1900年にかけてヨーロッパのぶどう畑に大きな被害をもたらした。

1．ライプ・ロット　　2．ピアス病　　3．フィロキセラ

⑤ 次の（　　）に当てはまる言葉を下記より選びなさい。(重複可)

ワインに適したぶどうは（ア　　）と呼ばれるヨーロッパ系の品種で（イ　　）、（ウ　　）、（エ　　）等がある。また（オ　　）と呼ばれるアメリカ系の品種には（カ　　）、（キ　　）、（ク　　）等がある。日本で広く栽培されている（ケ　　）は（コ　　）系であり、その他、日本で交配された（サ　　）やブラック・クイーン等もワインの原料として用いられる。

①ヴィティス・ヴィニフェラ　②ヴィティス・ラブルスカ　③ヴィティス・リパリア　④ナイアガラ　⑤シャルドネ　⑥カベルネ・ソーヴィニョン　⑦コンコード　⑧甲州　⑨ステューベン　⑩リースリング　⑪マスカット・ベーリーA　⑫東洋

⑥ 次の説明に該当するぶどう品種名を下記より選びなさい。

1．フランス・ボルドー地方の大切な品種のひとつで、特にサンテミリオン地区やポムロール地区において栽培比率が高い。フランスの赤品種としては最も栽培面積が広い品種でもある。カベルネ・ソーヴィニョンより早熟で味は柔和でこくがある。

2．フランス・ロワール川下流のペイ・ナンテ地区で栽培されている耐寒性の高い品種。繊細な香りを持ち、きりっとした酸の高い辛ロワインとなる。"シュール・リー"による醸造が行われる。ブルゴーニュ地方から移植された品種のため、ムロン・ド・ブルゴーニュとも呼ばれる。

3．フランス・ボジョレ地区で栽培されている品種。果実香に富み、軽くて酸味の優れたフルーティな味わいとなり、若いうちに飲まれる。

4．イタリア・トスカーナ州および中部地方で栽培されている、イタリアで最もポピュラーな品種。キアンティの主要品種で、明るいルビー色、スミレの香りをもつ果実味豊かで酸に特徴のあるワインとなる。

5．フランス・ヴァル・ド・ロワール地方中部の品種で、ピノー・ド・ラ・ロワールとも呼ばれる。多様な個性を持ち、辛口から甘口まで幅広いスタイルを持ったワインが造られる。新鮮でフルーティな酸味の豊かなワインとなる。

6．主にドイツとフランス・アルザス地方の代表的品種。果房、顆粒とも小さく晩熟。耐寒性が高く、霜害に強いのが特徴。カリフォルニアやオーストラリアではヨハニスベルク・リースリング、ホワイト・リースリングと呼ばれることもある。

④ フィロキセラ害は今までにない大きな被害をヨーロッパのワイン産地にもたらしました。現在はフィロキセラに抵抗力のあるアメリカ系のぶどうを台木にヨーロッパ系品種を接木することで防いでいます。(WB→10～11p)

⑤ ワイン醸造用のぶどうには主にヨーロッパ系品種が使われます。その他、北米系品種や日本で交配・育種された品種もあります。(WB→13～17p、162p)

■ぶどうの属
ヴィティス・ヴィニフェラ
（ヨーロッパ系品種）
ヴィティス・ラブルスカ（北米系品種）

⑥ 世界でワイン用に栽培されている品種は代表的なものだけでも300種類以上はあります。その中でもここに載せた品種はとても大切です。代表的な品種の特徴や栽培されている国や産地を覚えてください。(WB→13～17p)

■赤品種
カベルネ・ソーヴィニョン
カベルネ・フラン
ピノ・ノワール
メルロ
ガメイ
シラー
ネッビオーロ
サンジョヴェーゼ
テンプラニーリョ
■白品種
シャルドネ
リースリング
ソーヴィニョン・ブラン
セミヨン
シュナン・ブラン
ミュスカデ
ゲヴュルツトラミネール

7. フランス・コート・デュ・ローヌ地方の品種。非常にこくのある、タンニンが豊富でアルコール度の高いワインとなるため、長期の熟成を要する。オーストラリアの主要品種でもあり、シラーズと呼ばれている。

(A) ガメイ　(B) サンジョヴェーゼ　(C) リースリング　(D) メルロ
(E) シュナン・ブラン　(F) シラー　(G) ミュスカデ

7 ワインは醸造上4つのタイプに分かれます。次の説明を読んでそのタイプを下記より選びなさい。

1. ワインをベースに薬草、スパイス、果実、糖分、その他で香味付けをしたワインで、別名アロマタイズドワインとも呼ばれる。

2. ガス圧1気圧未満のワインで、一般的に赤・白・ロゼがある。

3. 日本語では酒精強化ワインと呼ばれ、未発酵または発酵途中のワインにアルコールを添加し造られる。

4. 炭酸ガスが含まれているワインで、一般的には3気圧以上のガス圧がある。

(A) スティル・ワイン　　　(C) フォーティファイド・ワイン
(B) スパークリング・ワイン　(D) フレーヴァード・ワイン

7 ワインのタイプはその醸造方法によって決まります。合わせてそれぞれの代表的なワインも覚えるようにしましょう。（WB→6p）

8 ワインの成分組成で大切な酸はぶどうに由来する酸と発酵によって生成する酸があります。次の中から発酵に由来する酸を3つ選びなさい。

1. コハク酸　2. 乳酸　3. リンゴ酸　4. クエン酸　5. 酒石酸
6. 酢酸

8 ワインの成分はぶどうに含まれる成分と醸造過程に生成される成分があります。そのうち最も多いのが水分で80%〜90%です。次がアルコールになります。酸も大切で、原料ぶどうに由来したり、醸造過程で生成されます。（WB→7p）

9 次のワインの醸造方法の図を見て、下記の問いに答えなさい。

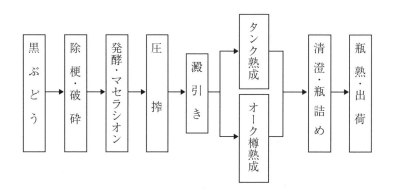

9 ワインの醸造方法は白・赤・ロゼの似ている部分と異なる部分をよく確かめるようにしてください。赤ワインは果汁、果皮と種を一緒に醸しながら発酵させます。白は果汁だけを発酵させます。ロゼは色素が出る程度に果皮と種を一緒に醸し、途中から果汁だけを発酵させます。（WB→21〜22p）

1. 上記のワイン醸造方法の模式図は次のうちどのワインを造る図か。
　(ア) 白ワイン　(イ) 赤ワイン　(ウ) ロゼワイン

2. 図にある「マセラシオン」の意味は何か。
　(ア) ぶどうの糖分が酵母によってアルコールになること。
　(イ) 果実味溢れるワインを造るために、温度を低く保ちながら発酵させること。
　(ウ) 果皮や種を果汁と一緒に漬け込むこと。日本語では「醸し（かもし）」という。

3. 白ワインの発酵温度は一般的に何度が適しているか。
   （ア）15℃〜20℃　（イ）25℃〜30℃　（ウ）35℃〜40℃

4. 赤ワインの発酵温度は一般的に何度が適しているか。
   （ア）15℃〜20℃　（イ）25℃〜30℃　（ウ）35℃〜40℃

5. MLFは一般的にどの段階で行われるか。
   （ア）除梗・破砕直後　（イ）発酵中　（ウ）熟成中

10　**樽熟成の説明で正しい文章を2つ選びなさい。**

1. ワイン醸造に使われる樽はオーク材が用いられる。

2. 樽熟成は英語でバレル・エージングと言われ、フランス語ではルモンタージュと言う。

3. 樽熟成はMLFを起こすために行われる。

4. オーク樽はフランスの中央部が主要産地でトロンセ、アリエール等があり、また、アルザスのそばにはリムーザンがある。

5. ボルドーの多くのシャトーでは樽熟成が行われている。熟成中に沈殿するワインの滓を取り除くため別の容器に移し替える。この作業をスティラージュと言う。

11　**醸造方法についての説明を読んで、関係の深い言葉を下記から選びなさい。**

1. ぶどうに含まれている糖分では十分なアルコールを得られない時に行われることを、シャプタリザシオンと言う。

2. 白ワインを造る方法で、発酵タンクに冷蔵設備を備え、10℃〜15℃の低温で発酵させる方法。

3. 赤ワインの発酵で生じた炭酸ガスによって液上に集まる果帽(果皮や果肉)を液中に循環させる作業をボルドーではルモンタージュと言うが、小さな発酵タンクを用いる為、ピジャージュと言われる方法をとる地方。

4. オーク樽で熟成しているワインは自然に樽からワインが蒸発し、酸化しやすくなる。それを防ぐために行われるワインの目減り分を補充する作業で酸化防止となる。

5. 発酵後、樽熟成している間に行われる澱を取り除く作業で、定期的に澄んだ上澄み液のみを別の樽に移し替える。

   （ア）ブルゴーニュ　（イ）ルモンタージュ　（ウ）補糖
   （エ）ウィヤージュ　（オ）スティラージュ　（カ）スキンコンタクト
   （キ）コールド・ファーメンテーション　（ク）マロラクティック発酵

12　**ワインの発酵について次の問いに答えなさい。**

1. ぶどうがワインに変わるには酵母の働きによって起こるアルコール発酵による。次の化学式を完成させなさい。
   $C_6H_{12}O_6 →$（ア）＋（イ）

10　樽熟成をフランス語でエルヴァージュ（elevage）と言います。ワインに使われる樽は、フランス、アメリカ、スロヴェニア等が主要産地で、フランスではトロンセとアリエール（フランス中部）、ヴォージュ（フランス東部のアルザス地方近郊）、リムーザン（コニャック地方東部）等です。また、樽熟成中にはスティラージュ（澱引き）、ウィヤージュ（ワインの目減り分の補充）等の作業が行われます。（WB→24p）

11　ワインの醸造方法はフランス語や英語で答える問題が多く出題されます。品質の優れたワインを造るために新しい醸造技術が導入されていることも理解してください。
1. フランスではシャプタリザシオン（補糖）は天候が恵まれず、糖分が足りない年にのみ許されています。
2. コールド・ファーメンテーションは気温の高いカリフォルニアで開発されました。
3. ルモンタージュとピジャージュは同じ目的です。
4. と5. は樽熟成をする時の作業です。スティラージュはボルドーでは樽熟成期間中にほぼ3か月に1回のペースで行われています。（WB→21〜22p）

2．MLFについて答えなさい。

アルコール発酵が終わったワインは、続いてMLFが進行する。この効果はどのようなことか書きなさい。

　　効果＝

3．ワインの発酵後、あるいは製造の最終段階で、酒石を取り除くために行われる低温での処理を、どのように呼ぶか答えなさい。

4．ワインの澱を取り除くために行われる澱下げに使われる清澄剤には、どのようなものがあるか。3つ答えなさい。

13　**ワイン用ぶどうの栽培地として適する条件のひとつに土壌があります。次の文章を読んで、関係の深い土壌を下記から選びなさい。**

1．Cognac地方にみられる土壌で、かつてその土地が浅い海底であったことが分かる。酸味の強い白ワインに特に適しており、その中でもChablis地区は貝殻の化石が混じった土壌で有名である。

2．Mosel地方やAlto-Douro地区など河岸段丘の土壌で、雲母のように薄く裂ける。

3．Bourgogne地方やSt-Emilion地区を始め、銘醸ワイン産地に多く見られる土壌で、石灰岩とこの土壌が混ざっていることが多い。

4．Bordeaux地方の特に川から近い土壌にみられる河川堆積土壌。

（A）粘板岩、スレート　　（B）白亜質、石灰質
（C）粘土質　　（D）砂利

12　醸造の問題であり、書き込み式なので難しかったと思います。
1．アルコール発酵の化学式です。
2．ワインは、マロラクティック発酵によって酸の強いリンゴ酸からまろやかな乳酸に変わります。
3．時々ボトルの底やコルク面に見られる結晶状の澱は酒石によるものです。3．はボトリングした後になるべく酒石が出ないようにするために行われます。
4．澱を除去する方法は色々研究されています。
（WB→20〜22p）

■醸造の化学
$C_6H_{12}O_6 \rightarrow 2C_2H_5OH + 2CO_2$
Malo-Lactique Fermentation=MLF
■澱下げに使用する素材
白／ベントナイト、カゼイン
赤／ゼラチン、卵白、タンニン

13　（WB→8p）

1．ワイン概論（1）　解答

1　1．（ア）④　（イ）⑥　（ウ）④　（エ）⑥　（オ）①　（カ）②
　　2．（ア）⑥　（イ）⑪　（ウ）①　（エ）⑤
2　2．4．（順不同）
3　1．
4　3．
5　（ア）①　（イ）⑤　（ウ）⑥　（エ）⑩　（オ）②　（カ）④　（キ）⑦　（ク）⑨　（ケ）⑧　（コ）①　（サ）⑪（イ、ウ、エとカ、キ、クは順不同）
6　1．（D）　2．（G）　3．（A）　4．（B）　5．（E）　6．（C）　7．（F）
7　1．（D）　2．（A）　3．（C）　4．（B）
8　1．2．6．（順不同）
9　1．（イ）　2．（ウ）　3．（ア）　4．（イ）　5．（ウ）
10　1．5．（順不同）
11　1．（ウ）　2．（キ）　3．（ア）　4．（エ）　5．（オ）
12　1．（ア）2C₂H₅OH　（イ）2CO₂
　　2．効果＝リンゴ酸を乳酸に変え、酸をまろやかにする。
　　3．スタビリザシオン
　　4．（卵白、ゼラチン、ベントナイト、タンニン、カゼイン）のうち3つ
13　1．（B）　2．（A）　3．（C）　4．（D）

2. ワイン概論（2）

1 **ワインの歴史に関する次の設問に答えなさい。**

1. 山梨県でワインが造られるようになったのはいつ頃か。
   （A）1670年頃　（B）1760年頃　（C）1870年頃

2. 西暦280年頃、ドイツのモーゼル地方にワインを広めたローマ皇帝の名前。
   （A）シーザー　（B）プロブス　（C）カール

3. 酵母の働きによる発酵のメカニズムを発見した微生物化学者の名前。
   （A）パストゥール　（B）ドン・ペリニヨン　（C）ゲイリュサック

4. イスラム帝国（ムーア人）の侵攻によってワイン産業が衰退した国。
   （A）イタリア　（B）ハンガリー　（C）スペイン

2 **次の説明に当てはまる用語を下記から選んで答えなさい。**

1. 年間の天候の良し悪しがワインの品質に影響するため、ラベルにも表示されることが多い、ぶどうの収穫された年。
2. ぶどうの収穫が終わり、ぶどうの休眠期に行われる作業。
3. フィロキセラ害の発症時及びその予防として取られる対策。
4. ワイン用ぶどう栽培に一般的に広く行われている仕立て方。
5. 気候、土壌、地勢等自然の条件を表現するフランス語で、同じ品種であっても、この自然条件によって特徴の異なるワインが造られる。

   （A）接木　（B）摘葉　（C）テロワール　（D）キャノピーマネージメント　（E）ギヨー　（F）剪定　（G）摘房　（H）クローン選抜　（I）ヴィンテージ

3 **日本ではワインに含まれる量は0.35g/kg未満と規制されている物質は何か、次から選びなさい。**

   1. 残留ソルビン酸　2. 残糖分　3. 糖の添加量　4. 残留亜硫酸
   5. 総酸量

4 **次のぶどうの病害から、湿度の高さから起こるカビによる病害を選びなさい。また、この病害の説明を【A欄】から、その対策方法を【B欄】から選びなさい。**

   1. リーフロール　2. オイデュウム（うどん粉病）　3. ピアス病
   4. クルール

【A欄】
   （ア）成熟期に雨や湿度によって繁殖し、黒ぶどうは色が褪色し、白ぶどうは灰色に腐る。
   （イ）ぶどうのウイルスのひとつで、葉が外に向って巻き込むことからこの名前がついた。糖度低下、着色不良となり植え替えが必要となる。

【解説】

1 歴史の古いワイン産業は歴史の事柄ともリンクしています。
 1. 日本でワイン産業が始まったのは明治時代で、殖産興業の一環です。
 2. ローマ帝国の拡大によってヨーロッパに広がりました。モーゼル中流のトリアー市にローマの遺跡が残っています。
 3. 1800年代まで酵母の存在や働きは解明されていませんでした。
 4. イスラム教のムーア人は北アフリカからスペイン、そして、ボルドー地方、コニャック地方まで勢力を拡大させました。
 （WB→18～19p）

2 ぶどう栽培に関する様々な用語です。ヴィンテージ、栽培方法・仕立て方、ぶどうの被害とその対策は大切な基礎的事項です。また、クローン選抜、接木、キャノピーマネージメントはぶどうの品質を上げるために行われます。
 （WB→9～11p）

3 食品の安全の面から、保存料や酸化防止剤に関して問題視する傾向にあります。日本の規定で使用が許可され、ワインに使われている酸化防止剤は亜硫酸（亜硫酸塩、SO_2）とソルビン酸（0.2g/kg以下）が主です。
 （WB→12p）

4 ぶどうの病害は1800年代の大きな問題でした。1850年からはカビによる被害が多く発生し、フィロキセラ害虫がヨーロッパに蔓延しました。その他、ウイルスや天候による被害等、1年を通してぶどう畑での病害対策が必要です。
 （WB→10～11p）

（ウ）1850年ヨーロッパで広まる。若枝や生育中のぶどう顆粒が白い粉状の胞子で覆われ、顆粒が割れてしまう病気。

【B欄】

（A）ボルドー液の散布　（B）硫黄を含んだ農薬の散布　（C）植え替え

（D）ベンレートの散布

5　次のぶどう品種の別名（シノニム）を（A）～（K）より選びなさい。（重複可）

1．カベルネ・フラン
2．ミュスカデ
3．ルーレンダー
4．サヴァニャン
5．オーセロワ
6．サンジョヴェーゼ
7．シュナン・ブラン
8．トレッビアーノ
9．マルベック
10．スパンナ

（A）ムロン・ド・ブルゴーニュ
（B）シャスラ
（C）ナツーレ
（D）ネッビオーロ
（E）コー
（F）ブルトン
（G）ブルネッロ
（H）メルロ
（I）ユニ・ブラン
（J）ピノ・グリ
（K）ピノー・ド・ラ・ロワール

5　ぶどう品種名は国や産地によって異なった呼称が使われることがありますので、注意してください。たとえばスペインの代表品種のテンプラニーリョ等は国内でも多くの別名があります。（WB→15～17p、92p）

6　次の1と2の品種を説明している文章を下記からそれぞれ選びなさい。

1．ネッビオーロ

（A）フランス、イタリアのトスカーナ州、カリフォルニア、オーストラリア等世界各地で高級品種として栽培されている。腰が強く辛口で、タンニンと酸がしっかりとした長期熟成タイプのワインができる、

（B）イタリアのピエモンテ州、ロンバルディア州で栽培されている、イタリアを代表する高級赤ワイン用品種。輝くような深紅色と独特の香りを持つ。タンニン、酸は強く、樽熟を長くしたワインが多い。

（C）スペインの代表品種で、ポルトガルでも栽培されている。早熟で果皮が厚く、アルコール分はさほど高くはならないが、深い色で長熟タイプのワインができる。地域により色々な呼び名が付いている。

2．ゲヴュルツトラミネール

（A）フランスのアルザス地方およびドイツのファルツ、バーデン、フランケン地方で栽培されている。また、近年はカリフォルニア、オーストラリアにも見られる品種。強烈な個性を持ち、名前の由来ともなっているスパイシーさがあり、ライチのような独特の香味がある。まろやかで腰のしっかりした優雅なワインとなる。

（B）フランスのボルドー地方のソーテルヌ、グラーヴ地区、オーストラリアで主に栽培されている品種。貴腐ワインに向いた品種で、なめらかで、しっかりとした個性を持つ。

（C）主にフランスのボルドー地方とロワール川流域、そして近年はニュージーランドの代表品種として注目されている。ピーマンやグスベリーの芳香性に富むのが特徴。アメリカではフュメ・ブランとも呼ばれる。

6　ワインを特徴づける要素の筆頭に挙げられるのがぶどう品種です。また、それぞれの品種は土壌や気候によってもその味わいが変わります。ワインのテイスティングをしながら、ワインの味の特徴を確かめることも必要です。（WB→13～15p）

7 次のぶどう品種と関係の深い国名、産地名を選びなさい。

　　1．シラーズ
　　2．セミヨン
　　3．カベルネ・フラン
　　4．テンプラニーリョ
　　5．ゲヴュルツトラミネール
　　6．ピノ・ノワール

　　（A）フランス・シャンパーニュ地方
　　（B）フランス・アルザス地方
　　（C）イタリア・トスカーナ州
　　（D）オーストラリア
　　（E）スペイン
　　（F）フランス・ボルドー地方ソーテルヌ地区
　　（G）ドイツ・モーゼル地方
　　（H）フランス・ヴァル・ド・ロワール地方

8 次の文章の中で適切な文を選び、その記号を答えなさい。

1．ワインはぶどうの成分である
　　{ A．糖分がアルコールと酸に変わる
　　 B．酵母がアルコールと炭酸ガスに変わる
　　 C．糖分がアルコールと炭酸ガスに変わる }
　発酵によって造られる。

2．ワインの渋味は
　　{ A．皮に多く含まれるタンニン
　　 B．皮に多く含まれるリンゴ酸
　　 C．果汁に多く含まれるタンニン
　　 D．果汁に多く含まれるリンゴ酸 } によるものである。

3．赤ワインが一般に肉料理に合うと言われるのは
　　{ A．酒石酸
　　 B．タンニン
　　 C．アルコール }
　が含まれているからである。

4．一般的なロゼワインの醸造方法は
　　{ A．赤ワインと白ワインを混ぜる
　　 B．黒ぶどうと白ぶどうを一緒に醸造する
　　 C．黒ぶどうの皮を早めに取り除く }
　方法がとられている。

5．ワインから造られる蒸留酒は
　　{ A．ウイスキー
　　 B．アルマニャック
　　 C．カルヴァドス } である。

6．マロラクティック発酵とは、ワイン中の
　　{ A．リンゴ酸が乳酸菌により乳酸に変化する
　　 B．乳酸が乳酸菌によりリンゴ酸に変化する
　　 C．リンゴ酸が酵母により乳酸に変化する } 現象である。

---

7 主要ぶどう品種については世界各地で造られるようになっています。ぶどうはワインの特徴を決める大切な要素です。ぶどうの特徴、産地別による呼称の違い（シノニム）等は大切です。（WB→15～17p）

8 2.3．赤と白ワインの大きな違いはタンニンが含まれているかどうかです。これによって合う料理も変わってきます。
4．ロゼワインの醸造法は黒ぶどうの皮を早めに取り除く方法が普通ですが、シャンパーニュだけは白ワインに赤ワインを少し混ぜて造ることが許されています。
5．ワインは発酵によって造られるアルコール飲料です。そして、ワインを蒸留することによって造られるのがコニャックやアルマニャックです。カルヴァドスはリンゴを原料にした蒸留酒です。
6．マロラクティック発酵は酸を柔らげる大切な工程です。（WB→20～22p）

■ワインの発酵
　糖分→
　　　アルコール＋炭酸ガス

■ぶどう原料の代表的ブランデー
　コニャック
　アルマニャック
　マール
　グラッパ

⑨ ワインの醸造でMLFは重要な工程である。次のMLFについての説明で誤っている文章を２つ選びなさい。

1．MLFは Maceration Fermentation の略字である。

2．MLFはワインの中に含まれるリンゴ酸が乳酸に変化する現象である。

3．MLFによってワインの酸味が柔らげられる。

4．MLFは赤ワインの醸造にのみ行われる。

5．MLFを行うには乳酸菌が必要である。

6．カリフォルニアやオーストラリア等のワインで酸が少ない場合はMLFを起こさない場合もある。

⑩ 次の特殊な醸造方法の説明を読み、何を指しているのかを下記から選びなさい。

1．密閉タンクにぶどうを破砕せずに炭酸ガス中で置く方法。色が良く出て、タンニンが少なく、フレッシュな赤ワインが得られる。ボジョレ・ヌーヴォの一般的醸造方法として知られる。

2．南仏の一部で早く飲めるワインの醸造方法として行われている。破砕の後タンクに送り、蒸気で加熱し、色素を溶出させてから圧搾し、発酵させる。色が良く出て、タンニンが少ないワインとなる。

3．ヴァル・ド・ロワール地方のミュスカデの醸造方法で、発酵後、澱を取り除かずにそのまま春まで放置し、上澄みだけを瓶詰めする。若々しく、フルーティで爽やかなワインを造る。

（ア）シュール・リー

（イ）スタビリザシオン（酒石安定化法）

（ウ）マセラシオン・カルボニック

（エ）マセラシオン・ア・ショー

⑨ MLFはリンゴ酸（acide malique）、乳酸（acide lactique）、発酵（fermentation）を合わせた言葉、Malolactique Fermentation の略字です。二塩基酸のリンゴ酸を一塩基酸の乳酸に変えることによる減酸作用です。これによって酸のまろやかなワインとなります。赤は勿論、白やロゼにも行われます。（WB→20p）

⑩ ワインの特殊な醸造方法はぶどう品種の特徴を最大限に生かすため、また、消費者のニーズに合ったワインを造るため、等の理由で行われています。アメリカやオーストラリアの近代技術が取り入れられる場合もあります。ボジョレのMC方法はボジョレ・ヌーヴォだけでなく、日本の新酒の技術にも取り入れられています。（WB→23p）

２．ワイン概論（２）　解答

① 1．(C)　2．(B)　3．(A)　4．(C)
② 1．(I)　2．(F)　3．(A)　4．(E)　5．(C)
③ 4．
④ 2．(ウ)、(B)
⑤ 1．(F)　2．(A)　3．(J)　4．(C)　5．(E)　6．(G)　7．(K)　8．(I)　9．(E)　10．(D)
⑥ 1．(B)　　2．(A)
⑦ 1．(D)　2．(F)　3．(H)　4．(E)　5．(B)　6．(A)
⑧ 1．C．　2．A．　3．B．　4．C．　5．B．　6．A．
⑨ 1．4．（順不同）
⑩ 1．（ウ）　2．（エ）　3．（ア）

3．ヨーロッパのワイン

1 次の表はEUのワイン法における品質分類です。表の（1）～（4）の空欄を下記から選び埋めなさい。（重複可）

〈EUの新しい規定に基づいた各国の原産地呼称の区分〉

品質分類	旧フランス	新フランス	旧イタリア	新イタリア
特定地域産高品質ワイン	AOC	（1）	DOCG	（3）
	AO VDQS		DOC	
地理的表示を有するヴァン・ド・ターブル	Vin de Pays	（2）	IGT	（4）

（A）AOP

（B）DOP

（C）gU

（D）IGP

（E）SIG

2 次の発泡酒の呼称の中から、他とはガス圧の規定が違うものを選びなさい。

1．ペティヤン

2．ゼクト

3．ペルルヴァイン

4．フリザンテ

3 各国のスパークリングワインの名称と国名の組み合わせで正しいものを2つ選びなさい。

1．イタリア＝クレマン

2．ドイツ＝カバ

3．フランス＝ヴァン・ムスー

4．スペイン＝エスプモーソ

4 スペインのスパークリングの残糖分表示で、最も甘いのはどれか。

1．ドゥルセ

2．ブルット

3．エクストラ・セコ

4．セコ

5．セミ・セコ

【解説】

1 2009年に施行されたEUワイン共通市場制度（OCM）によって新たなワイン法の規定ができました。地理的表示の伴わないワインも、品種名と収穫年の表示が可能になりました（85％以上）。
（WB→29p、78p）

2 ワインの分類でスパークリングワインは20度で3気圧以上と規定されています。ガス圧が1～2.5気圧の弱発泡性ワインは、フランスではPétillantペティヤン、イタリアではFrizzanteフリザンテ、ドイツではPerlweinペルルヴァインと呼ばれます。

3 各国でのスパークリングワインの一般的な呼称を覚えておきましょう。
フランス＝Vin Mousseux ヴァン・ムスー
イタリア＝Spumante スプマンテ
スペイン＝Espumoso エスプモーソ
ドイツ＝Schaumwein シャウムヴァイン

45 スパークリングの残糖分表示はEUで規制されていますが、呼称名は各国の言葉が使われています。
（WB→191p）

⑤ 次の表は、フランスとイタリアのスパークリングワインの残糖分表示です。
（1）～（11）に当てはまる表記を選びなさい。

残糖分	フランス	イタリア
0～3g/ℓ未満	（1）	
0～6g/ℓ	（2）	
12 g/ℓ未満	（3）	
12～17g/ℓ	（4）	（8）
17～32g/ℓ	（5）	（9）
32～50g/ℓ	（6）	（10）
50g/ℓ以上	（7）	（11）

（A）エクストラ・ドライ　　　　　（F）ドゥミ・セック
（B）エクストラ・ブリュット　　　（G）ドゥー
（C）セック　　　　　　　　　　　（H）ドルチェ
（D）セッコ　　　　　　　　　　　（I）ブリュット
（E）セミ・セッコ　　　　　　　　（J）ブリュット・ナチュール

⑥ 次のスパークリングの残糖表示の中から、残糖分が0～3g/ℓ未満を表している言葉を2つ選びなさい。

1．エクストラ・トロッケン
2．ブリュット・ナチュール
3．パ・ドゼ
4．ブリュット

⑥ 残糖分が0～3g/ℓ未満の表記には、パ・ドゼ、ドサージュ・ゼロ（フランス）、パ・ドーゼ（イタリア）なども使われます。ブリュット・ナチュールは、フランス、イタリア、およびスペインに共通の表記です。（WB→191p）

3．ヨーロッパのワイン　解答
① （1）A　（2）D　（3）B　（4）D
② 2
③ 3．4．（順不同）
④ 1．
⑤ （1）（J）　（2）（B）　（3）（I）　（4）（A）　（5）（C）　（6）（F）　（7）（G）　（8）（A）　（9）（D）　（10）（E）　（11）（H）
⑥ 2．3．（順不同）

4. フランスワイン（1）

1　下の地図はフランスの代表的なワイン産地です。（1）〜（11）にあてはまる産地名を書きなさい。

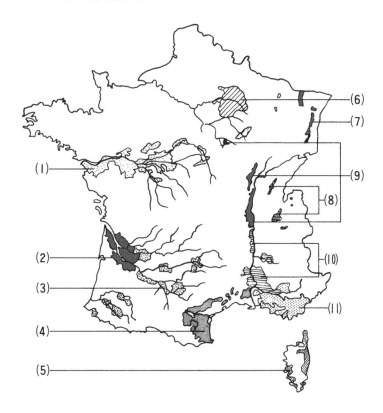

2　次のぶどう品種で栽培地がボルドー地方の品種には（ボ）、ブルゴーニュ地方の品種には（ブ）、それ以外の産地の場合は（×）印を書きなさい。

1．メルロ
2．アリゴテ
3．シラー
4．カルメネール
5．リースリング
6．セザール
7．グルナッシュ
8．シャルドネ
9．カベルネ・フラン
10．ガメイ
11．サシー
12．ヴィオニエ
13．ユニ・ブラン
14．セミヨン
15．ピノ・ノワール

3 次はフランスワイン全体とボルドー地方、ブルゴーニュ地方に関する概要をまとめた文章である。（　　）に当てはまる言葉や数字を選びなさい。

1．パリで（A　　）年に開催された万国博覧会で、ボルドー地方のメドック地区とソーテルヌ地区のシャトーの格付けが行われた。（B　　）年には原産地保護の目的でAOCが制定された。
　　㋐1789　㋑1855　㋒1935　㋓1949

2．ワインの生産地は河川沿いに広がっていることが多く、ボルドー地方に流れている川のひとつに（C　　）がある。
　　㋐ソーヌ川　㋑セーヌ川　㋒ドルドーニュ川

3．フランスのAOP別生産量で最も多いのが（D　　）地方で、２番目に多いのは（E　　）地方である。
　　㋐ボルドー　㋑ヴァレ・デュ・ローヌ　㋒シャンパーニュ

4．ボルドー地方はジロンド県全体に広がるワイン産地である。一方ブルゴーニュ地方は北からヨンヌ県、（F　　）県、ソーヌ・エ・ロワール県そしてローヌ県と４県にまたがる。
　　㋐コート・ド・ボーヌ　㋑ローヌ　㋒コート・ドール

4 次はボルドー地方の産地図である。地図を見ながら問いに答えなさい。

1．（　　）内に適当な言葉を入れ文を完成しなさい。

①有名なCh.Petrusがあるのは、（ア　　）地区で品種の作付面積は95％が（イ　　）で残りは（ウ　　）である。またこのシャトーがあるのは地図の（エ　　）番の地区である。

②地図上の⑬番は甘口ワインの産地である。これは（オ　　）菌が作用し、ぶどうの水分が蒸発し干しぶどう状態になることによって生まれる。また、⑫番の（カ　　）は⑬番同様に甘口ワインの産地で⑬番のAOP名を名乗ることが許されている。

③ボルドー市近郊の⑨番はAOP（キ　　）で赤ワイン、白ワインが格付けされている。格付けワインの中のCh.Pape Clementは（ク　　）色のワインだけが格付けされている。

④地図の㉙番地区は赤ワインで有名な（ケ　　）地区である。この地区の格付けでPremièrs Grands Crus ClassésでChâteaux-Aの格付けを受けているのは、（コ　　）と（サ　　）のシャトーだけであったが、2012年の格付けで（シ　　）と（ス　　）の２シャトーが加わった。

⑤地図の②番地区は（セ　　）で、偉大なシャトーがたくさんあることで有名である。ジロンド川に沿って下流より③番（ソ　　）、④番（タ　　）⑤番（チ　　）、⑥番（ツ　　）、⑦番（テ　　）、⑧番（ト　　）と６つの村名AOPがある。

3 フランスはヨーロッパの基本となります。
1．パリで開かれた万国博覧会はフランスワインの偉大さを各国にアピールする機会となりました。
2．河川とワイン産地は地図を参考に大まかに覚えておきましょう。
3．ボルドー地方は生産量の90％以上がAOPです。高級ワインの産地と言われる所以です。
4．ボルドー地方はジロンド県、ブルゴーニュ地方は細長い産地で、北のシャブリ地区のヨンヌ県からボジョレのローヌ県まで4県にまたがっています。
（WB→28p、31p、39p）

4 1．①ボルドーの代表的シャトーのペトリュスです。ポムロール地区ですので使用されている品種はメルロです。そしてその年の作柄によって一部カベルネ・フランをブレンドします。
②ボトリティス・シネレア菌の作用によってできる貴腐ワインです。ソーテルヌ地区を訪れると、朝霧がぶどう畑を覆っているのを見ることができます。ソーテルヌ地区にある川が霧の発生源で、この霧によって貴腐菌が繁殖し、すばらしい蜜のようなワインが生まれます。ソーテルヌ、バルザック以外の地区でも造られていて、値段も手ごろです。
③グラーヴ地区についてはシャトーによって赤ワインだけあるいは白ワインだけ格付けされていますので気をつけてください。
④サンテミリオン地区は、10年毎に格付けの見直しがされます。2012年の格付けでAランクが4シャトーとなりました。
⑤メドック地区の6つの村名AOPは覚えておいてください。（WB→31〜37p）

2. （A）～（G）の地図上の位置を答えなさい。

（A）アントル・ドゥ・メール   （E）カディヤック

（B）コート・ド・ブール   （F）ラランド・ド・ポムロール

（C）サント・クロワ・デュ・モン   （G）ルーピアック

（D）フロンサック

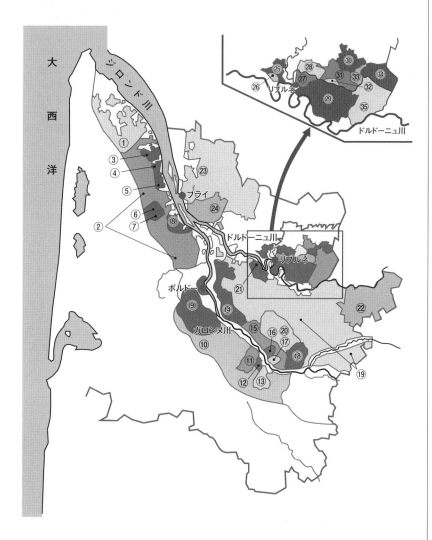

2. ボルドー地方のワイン産地の位置を、ワインブックの地図で確認しておきましょう。（WB→31p）

■貴 腐
ボトリティス・シネレア菌

■ボルドーの甘口ワイン
ソーテルヌ
バルサック
セロン
サント・クロワ・デュ・モン
ルーピアック
カディヤック

■サンテミリオン
プリミエ・グラン・クリュ・
　クラッセ（シャトーA）
シャトー・オーゾンヌ
シャトー・シュヴァル・ブ
　ラン
シャトー・アンジェリュス
シャトー・パヴィー

■メドックの6村名AOP
サン・テステフ
ポイヤック
サン・ジュリアン
マルゴー
ムーリ
リストラック・メドック

5　次はボルドー地方で栽培されているぶどう品種についての説明である。その品種名を書きなさい。

1．成長の早い黒ぶどう品種で良く熟成するが、結実不良を起こしやすく、また病気にも弱い。ボルドー地方全体で栽培されているが、特にサンテミリオン、ポムロールでは主要品種である。滑らかで芳醇なワインとなる。

2．小粒の黒ぶどうで、タンニン分を多く含む。ボルドー地方の主要品種で特に砂利質の水はけの良い土地を好む。ワインは、若い時は酸が強く熟成に時間がかかる。

3．ボルドー地方で最も多く栽培されている白ぶどう品種。特にボトリティス・シネレア菌の作用によって造られる甘口ワインは有名。

4．ボルドー地方で古くから栽培されている黒ぶどう品種で、リブルネ地域の土壌に適している。サンテミリオン地区のドルドーニュ川に近いグラーヴ地区の準主要品種である。熟成すると繊細なワインとなる。

5．辛口の白ワインを造る品種。主にグラーヴ地区ではこくのあるスタイルの辛口ワインを造るが、近年アントル・ドゥー・メール地区等でも栽培面積を増やしている。この白品種から世界各国で秀逸なワインが造られている。

6　次はメドック地区の1級から3級までに格付けされているシャトー名である。この内2級に格付けされているシャトーを全て選びAOP名を書きなさい。

1．シャトー・ローザン・ガシー
2．シャトー・キルヴァン
3．シャトー・パルメ
4．シャトー・ラトゥール
5．シャトー・ラスコンブ
6．シャトー・モンローズ
7．シャトー・ラグランジュ
8．シャトー・デュクリュ・ボーカイユ
9．シャトー・ムートン・ロートシルト
10．シャトー・ジスクール
11．シャトー・ブラーヌ・カントナック

7　次のグラーヴ地区のシャトーのうちで赤、白共に格付けされているシャトーには（○）、赤のみの格付けには（△）、白のみの格付けには（×）の印を付けなさい。

1．シャトー・ラ・トゥール・オー・ブリオン
2．シャトー・カルボニュー
3．シャトー・ラトゥール・マルティヤック
4．シャトー・パプ・クレマン
5．ドメーヌ・ド・シュヴァリエ
6．シャトー・クーアン・リュルトン
7．シャトー・マラルティック・ラグラヴィエール

5　ワインの性質は90％以上原料のぶどうによると言われています。ですから、ぶどうの特徴を知ることはワインのテイスティングをするときにも役立ちます。「なぜ、ボルドー地方ではぶどうをブレンドしてワインを造るのか」という質問をされることがあります。それは、ボルドー地方と一言でいっても広く、土壌、局地気候に差があります。それぞれの土壌、気象条件にあった品種を栽培することは良いワイン造りの基本です。また、それぞれの品種が持っている長所を生かし欠点を補うというブレンドのメリットがあります。ボルドー地方で栽培が許されている赤ワイン品種、カベルネ・ソーヴィニヨン、カベルネ・フラン、メルロ、マルベック、プティ・ヴェルドと白ワイン品種、ソーヴィニヨン・ブラン、セミヨン、ミュスカデルは覚えてください。
（WB→13～17p、30p）

6　メドックの格付けは基本です。（WB→34～35p）

7　グラーヴ地区はカベルネ・ソーヴィニヨンを主体にカベルネ・フラン、メルロ、マルベックそしてプティ・ヴェルドを巧みにブレンドしたしなやかな赤とソーヴィニヨン・ブランとセミヨンを使ったこくのある白ワインを生産しています。しかし、シャトーごとに格付けがまちまちで結構ややこしい地域です。また、最近グラーヴ地方の白が高い評価を受けており、価格も高騰しています。
（WB→36p）

8．シャトー・ラ・ミッション・オー・ブリオン

9．シャトー・ド・フューザル

10．シャトー・ブスコー

8 次のシャトーで、ポムロール地区のものには（A）、サンテミリオン地区のものには（B）、ソーテルヌ地区のものには（C）、グラーヴ地区のものには（D）、オー・メドック地区のものには（E）と書きなさい。

1．シャトー・オー・ブリオン
6．シャトー・アンジェリュス

2．シャトー・パヴィー
7．シャトー・クーテ

3．ヴィュー・シャトー・セルタン
8．シャトー・キルヴァン

4．シャトー・モンローズ
9．シャトー・スミス・オー・ラフィット

5．シャトー・トロタロワ
10．シャトー・ギロー

8 シャトー名から、そのシャトーがどの地区の格付けシャトーかが分かるようにしてください。
（WB→34〜37p）

9 次のブルゴーニュ地方の産地の説明文を読み、（　）に当てはまる言葉を書きなさい。

ブルゴーニュ地方は、大きく6地区に分かれる。（ア　）種を使って造られる辛口白ワインで有名なシャブリ地区は（イ　）土壌が特徴で、ミネラル分が多い。そして、ディジョン市の南に広がる、偉大な赤ワインの（ウ　）地区、ブルゴーニュワインの集積地ボーヌ市がある（エ　）地区、コート・シャロネーズ地区、フルーティな白ワインが中心の（オ　）地区、ヌーヴォで有名なボジョレ地区の6地区である。

9 ブルゴーニュ地方の生産地は広く、シャブリ地区からボジョレ地区まで南北約300kmあります。その中心は、ディジョン市からリヨン市までの約170kmで、銘醸ワイン、フルーティな白ワインや赤ワイン等ヴァラエティに富んだワインが生産されています。
（WB→38〜39p）

10 次のブルゴーニュ地方の村名AOPでコート・ド・ボーヌ地区にあるのはどれか選びなさい。

1．ヴォルネイ

2．シャンボール・ミュジニー

3．ヴォーヌ・ロマネ

4．ボーヌ

5．アロース・コルトン

6．ヴージョ

7．ニュイ・サン・ジョルジュ

8．ポマール

10 ブルゴーニュ地方は村名がAOP名すなわちワイン名となっています。コート・ド・ニュイ地区はピノ・ノワールからのエレガントでフィネスのある赤ワインが主体です。コート・ド・ボーヌ地区は赤・白が造られており、特にモンラッシェ等こくのある白ワインが有名です。（WB→41〜43p）

11 次のブルゴーニュ地方のグラン・クリュ（特級畑）について問いに答えなさい。

1．ロマネ・コンティ

2．ボンヌ・マール

3．バタール・モンラッシェ

4．マジ・シャンベルタン

5．シュヴァリエ・モンラッシェ

6．ミュジニー

11 ブルゴーニュのグラン・クリュ名は全て覚えてください。偉大なワインばかりで、それぞれ個性豊かです。1．2．4．は赤ワインのみ、3．と5．は白ワインのみ、6．は赤と白が造られています。（WB→42〜43p）

1. 1.～6.のグラン・クリュのある村名を【A欄】から選びなさい。複数の
   村をまたいでいる場合はその全てを選びなさい。（重複可）

2. 赤と白ワイン両方が造られているグラン・クリュを選びなさい。

【A欄】
　　（A）シャンボール・ミュジニー
　　（B）ヴォーヌ・ロマネ
　　（C）アロース・コルトン
　　（D）ヴォルネィ
　　（E）ピュリニー・モンラッシェ
　　（F）ニュイ・サン・ジョルジュ
　　（G）ボーヌ
　　（H）ポマール
　　（I）ジュヴレ・シャンベルタン
　　（J）フィサン
　　（K）モレ・サン・ドニ
　　（L）ヴージョ
　　（M）シャサーニュ・モンラッシェ

12　次のワインのうちプリムール（ヌーヴォ）として出荷できるのは、どれか
　　4つ選びなさい。

　　1．ボルドー　白
　　2．マコン・ヴィラージュ
　　3．ムーラン・ナ・ヴァン
　　4．サンセール
　　5．コトー・デュ・リヨネ
　　6．ブルゴーニュ　白
　　7．ミュスカデ

12　ボジョレで有名なヌーヴォ
ですが実際は色々なワイン
がヌーヴォとして出荷する
ことができます。
（WB→195p）

4．フランスワイン（1）　解答
① (1) ヴァル・ド・ロワール　(2) ボルドー　(3) 南西　(4) ラングドック＝ルーション　(5) コルス　(6) シャンパーニュ
　(7) アルザス　(8) ジュラ、サヴォワ　(9) ブルゴーニュ　(10) ヴァレ・デュ・ローヌ　(11) プロヴァンス
② 1.ボ　2.ブ　3.×　4.ボ　5.×　6.ブ　7.×　8.ブ　9.ボ　10.ブ　11.ブ　12.×　13.×　14.ボ　15.ブ
③ (A)　⑦　(B)　⑦　(C)　⑦　(D)　⑦　(E)　⑦　(F)　⑦
④ 1. (ア) ポムロール　(イ) メルロ　(ウ) カベルネ・フラン　(エ) ㉗　(オ) ボトリティス・シネレア　(カ) バルサック
　(キ) ペサック・レオニャン　(ク) 赤　(ケ) サンテミリオン　(コ) シャトー・オーゾンヌ　(サ) シャトー・シュヴァル・
　ブラン　(シ) シャトー・パヴィ　(ス) シャトー・アンジェリュス　(セ) オー・メドック　(ソ) サン・テステフ
　(タ) ポイヤック　(チ) サン・ジュリアン　(ツ) リストラック　(テ) ムーリ　(ト) マルゴー
　(コ) と (サ)、(シ) と (ス) は順不同
　2. (A) ⑲　(B) ㉔　(C) ⑰　(D) ㉕　(E) ⑮　(F) ㉘　(G) ⑯
⑤ 1. メルロ　2. カベルネ・ソーヴィニヨン　3. セミヨン　4. カベルネ・フラン　5. ソーヴィニヨン・ブラン
⑥ 1. マルゴー　5. マルゴー　6. サン・テステフ　8. サン・ジュリアン　11. マルゴー（順不同）
⑦ 1. △　2. ○　3. ○　4. △　5. ○　6. ×　7. ○　8. △　9. △　10. ○
⑧ 1. (D)　2. (B)　3. (A)　4. (E)　5. (A)　6. (B)　7. (C)　8. (E)　9. (D)　10. (C)
⑨ (ア) シャルドネ　(イ) キメリジャン　(ウ) コート・ド・ニュイ　(エ) コート・ド・ボーヌ　(オ) マコネー
⑩ 1. 4. 5. 8.（順不同）
⑪ 1. 1.(B)　2.(A) と (K)　3.(E) と (M)　4.(I)　5.(E)　6.(A)　　2. 6.
⑫ 2. 5. 6. 7.（順不同）

5．フランスワイン（2）

1 シャンパーニュ地方で使われる品種名を（　　）に書きなさい。

シャンパーニュは３種類のぶどうを使って造られている。赤の（1　　　　　）
と（2　　　　）、そして白の（3　　　　）である。

2 次のシャンパーニュ地方に関する文章を読んで正しいものを３つ選びなさい。

1．シャンパーニュ地方はパリの北東約150kmの場所にある。この産地の特徴は白亜質（石灰質）土壌で、ローマ時代から石灰岩が採掘されており、その跡地が地下に広がり現在はワインの貯蔵に使われている。

2．シャンパーニュ地方で白ぶどう品種のシャルドネの栽培地として有名なのはヴァレ・ド・ラ・マルヌ地区である。

3．シャンパーニュは３種類のぶどうを使って造られる。ブラン・ド・ノワールはその中のピノ・ノワールだけを使ったシャンパーニュである。

4．白のシャンパーニュでも黒ぶどうが通常70％近く使われるが、発酵前に軽く搾汁されるためワインは無色となる。

5．シャンパーニュのラベルに"Sec"と書かれている場合の残糖分は17g～32g/ℓである。

3 下記は、シャンパーニュの醸造工程を図式化したものです。次の問いに答えなさい。

1．①～④に当てはまる言葉を【A欄】より、選びなさい。

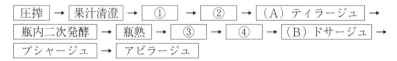

【A欄】
　⑦動瓶　　⑦一次発酵　　⑦ブレンド　　㊀澱抜き

2．醸造工程にある、（A）ティラージュと（B）ドサージュを説明している文章を下記から選びなさい。

　㋔　ピュピトルという澱下げ台にボトルを並べ、回転させながら、澱を瓶口に集める作業。

　㋕　蔗糖とシャンパーニュの原酒の混合液である、リケール・デクスペディションを加える作業。

　㋖　酵母と蔗糖を混ぜたものを加え瓶詰めする作業。

4 シャンパーニュの甘辛度は醸造工程の最後に行われるドサージュという作業によって決まり、ラベルに甘辛度が表示されています。次は甘辛度を表す用語です。残糖度の少ない順（辛口順）に並べ表を完成させなさい。

甘辛の用語
（ドゥミ・セック、ドゥー、エクストラ・ブリュット、ブリュット、エクストラ・ドライ）

残糖度	用語
0〜3 g/ℓ 未満	ブリュット・ナチュール
0〜6 g/ℓ	①
12 g/ℓ 未満	②
12〜17 g/ℓ	③
17〜32 g/ℓ	セック
32〜50 g/ℓ	④
50 g/ℓ以上	⑤

5 シャンパーニュのラベルを見て次の問いに答えなさい。

1. メーカーの業態としてある、NMの意味は次のうちどれか答えなさい。

① ぶどう栽培農家による生産者協同組合で製造販売をしている。

② 自社所有畑のぶどう原料だけを使ってシャンパーニュを製造し販売している。

③ 自社畑の他、栽培農家からぶどうを購入し、シャンパーニュを製造販売している。

2. 味わいの甘辛（残糖）の表示を答えなさい。

3. 使われているぶどう品種名を書きなさい。

4 シャンパーニュの味わいの大切な箇所です。残糖分によって甘辛が決まります。一般的に多く飲まれているのはブリュットです。各国のスパークリングワインも同じように甘辛の呼称がありますので、一緒に覚えるようにしましょう。（WB→191p）

5 シャンパーニュはAOPの文字を書く必要がない代わりに必ずChampagneと分かりやすく表示しなくてはなりません。その他、アルコールや容量の他、甘辛度やメーカーの業態の表示が必要です。（WB→50p、191p）

6 ヴァル・ド・ロワール地方のぶどう品種に関して下線の箇所が正しい場合は（○）、誤っている場合は正しい答えに訂正しなさい。

1．ヴァル・ド・ロワール地方の白品種の代表、シュナン・ブランは灰色カビ病に弱いが、これが貴腐になることもある。①ムロン・ド・ブルゴーニュとも呼ばれる。

2．カベルネ・フランは②シノンやブルグイユの代表品種として知られている。別名を③ブルトンと言う。

3．シャスラが栽培されているのは④中央フランス地区で⑤サンセールの主要品種である。

4．ブルゴーニュ地方から来た品種のため、ムロン・ド・ブルゴーニュと呼ばれることがある⑥セミヨンはその産地名と同じ名前である。

5．ルイィやカンシーの白品種の⑦ピノ・ド・ラ・ロワールは、アメリカでは⑧プイィ・フュメと呼ばれることがある。

6．中央フランス地区で主に栽培されている赤品種は⑨カベルネ・ソーヴィニョンで、サンセールの⑩赤とロゼを造っている。

7 次のワインの産地を地区ごとに分け、その主要品種を下記より選びなさい。（重複可）

①シノン（R）　　　②ロゼ・ダンジュ
③ヴーヴレ　　　　④ソーミュール・シャンピニィ
⑤シノン（B）　　　⑥ミュスカデ・ド・セーヴル・エ・メーヌ
⑦ブルグイユ　　　⑧ボンヌゾー
⑨ルイィ（R）　　　⑩アンジュ（B）

【地区名】
（A）ペイ・ナンテ地区　　（B）アンジュ、ソーミュール地区
（C）トゥーレーヌ地区　　（D）サントル・ニヴェルネ地区

【品種名】
（あ）カベルネ・フラン　（い）ピノ・ノワール
（う）ソーヴィニョン・ブラン　（え）グロロー　（お）シュナン・ブラン
（か）ミュスカデ　（き）ロモランタン　（く）シャスラ

6 ロワール川は1000kmに及ぶフランスで最も長い川です。その両岸にワイン産地が広がっており、上流から下流まで様々なタイプや品種の異なったワインが造られています。ワイン名とぶどう品種を一緒に覚えるようにしてください。ここでは、ぶどう品種の別名（シノニム）が多く出てきます。（WB→51～55p）

7 ヴァル・ド・ロワール地方のワイン名（AOP名）とその品種、タイプはとても大切です。4つの地区ごとにAOP名と主要品種を整理することが大切です。（WB→53～55p）

■ペイ・ナンテ地区
ミュスカデ（白）
■アンジュ、ソーミュール地区
カベルネ・フランとカベルネ・ソーヴィニョン（赤・ロゼ）、グロロー（ロゼ）、シュナン・ブラン（白）
■トゥーレーヌ地区
カベルネ・フラン（赤・ロゼ）、シュナン・ブラン（白）、ロモランタン（白）
■サントル・ニヴェルネ地区
ソーヴィニョン・ブラン（白）、シャスラ（白）、ピノ・ノワール（赤・ロゼ）

⑧ 次の地図を見て答えなさい。

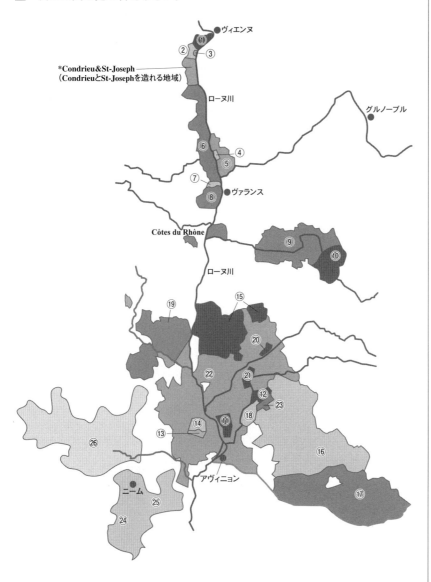

●ヴィエンヌ

*Condrieu&St-Joseph
(CondrieuとSt-Josephを造れる地域)

ローヌ川

●グルノーブル

●ヴァランス

Côtes du Rhône

ローヌ川

ニーム

アヴィニョン

⑧ ヴァレ・デュ・ローヌ地方北部の赤はシラー、白はヴィオニエ、マルサンヌ、ルーサンヌで造られています。ローマ時代からワインが造られていた歴史の古い南部は色々な品種が使われています。それが、シャトーヌフ・デュ・パプの13種類もある認可品種に表れています。ヴァレ・デュ・ローヌ地方もヴァル・ド・ロワール地方と同じように様々なスタイルのワインが造られています。
（WB→56～59p）

■北部の品種
　シラー（赤）
　ヴィオニエ（白）
　マルサンヌ（白）
　ルーサンヌ（白）
■南部の品種
　グルナッシュ（赤）
　ムールヴェードル（赤）
　シラー（赤）
　クレレット（白）
　ブールブーラン（白）

1．この地図の地方名を答えなさい。

2．①～⑧のAOP名を書きなさい。

3．①、③、⑦、⑧の主要品種を下記から選びなさい。（重複可）

4．⑪、⑬、⑭のAOP名を書きなさい。

【主要品種名】
　㋐グルナッシュ　㋑シラー　㋒ルーサンヌとマルサンヌ　㋓サンソー
　㋔ヴィオニエ　㋕ミュスカ

⑨　次のヴァレ・デュ・ローヌ地方のワインについての記述から間違っている
　　文章を３つ選びなさい。

１．北部のエルミタージュで使われている品種は赤のシラー、白のルーサンヌ、
　　マルサンヌである。

２．白品種のヴィオニエは赤ワインのコート・ロティに使うことは認められて
　　いない。

３．サン・ペレーではムスーが造られている。

４．シャトーヌフ・デュ・パプでは赤品種・白品種合わせて15種類のぶどうを
　　使うことが認められている。

５．ヴァレ・デュ・ローヌ地方はボルドー地方に次ぐ第２位のAOPの生産量
　　がある。

６．ヴァレ・デュ・ローヌ地方にある都市アヴィニョンに1300年代、カトリッ
　　クの法王庁が置かれていた。AOPシャトーヌフ・デュ・パプの名前は法
　　王に由来する。

７．北部の代表品種のシラーは別名セリーヌと呼ばれている。

８．エルミタージュはローヌ川右岸にあるワイン産地である。

９．ヴァレ・デュ・ローヌ地方では赤ワインの方が白ワインよりも多く造られ
　　ている。

10．コルナスではシラー100％から赤のみが造られている。

⑨　ヴァレ・デュ・ローヌ地方は様々なスタイルのワインが造られています。赤ワインでありながら、白品種をブレンドすることが許されているワインもあります。AOPがローヌ川の右岸にあるか左岸にあるかも重要です。（WB→56〜59p）

５．フランスワイン（２）　解答
① 1.ピノ・ノワール　2.ピノ・ムニエ　3.シャルドネ（1．2．は順不同）
② 1．4．5．（順不同）
③ 1.①④　②⑦　③⑦　④㋔　2.（A）㋖　（B）㋕
④ ①エクストラ・ブリュット　②ブリュット　③エクストラ・ドライ　④ドゥミ・セック　⑤ドゥー
⑤ 1.③　2.Brut　3.シャルドネ
⑥ ①ピノー・ド・ラ・ロワール　2.②○　③○　3.④○　⑤プイィ・シュール・ロワール　4.⑥ミュスカデ　5.
　⑦ソーヴィニョン・ブラン⑧フュメ・ブラン　6.⑨ピノ・ノワール⑩○
⑦ ①（C）（あ）　②（B）（え）　③（C）（お）　④（B）（あ）　⑤（C）（お）　⑥（A）（か）　⑦（C）（あ）　⑧（B）（お）
　⑨（D）（い）　⑩（B）（お）
⑧ 1.　ヴァレ・デュ・ローヌ
　2.①コート・ロティ　②コンドリュー　③シャトー・グリエ　④エルミタージュ　⑤クローズ・エルミタージュ
　　⑥サン・ジョセフ　⑦コルナス　⑧サン・ペレー
　3.①イ　③オ　⑦イ　⑧ウ
　4.⑪シャトーヌフ・デュ・パプ　⑬タヴェル　⑭リラック
⑨ 2．4．8．（順不同）

6. フランスワイン（3）

1 次の品種からアルザス地方の品種には（A）、ジュラ地方の品種には（J）、サヴォワ地方の品種には（S）と書きなさい。

1. ジャケール   2. ピノ・グリ
3. ミュスカ   4. シャスラ
5. ピノ・ノワール 6. モンドゥーズ
7. ピノ・ブラン   8. ナツーレ

2 次のワインの説明で誤っている文章を３つ選びなさい。

1. アルザス地方はライン川に沿って広がる白ワイン主体のワイン産地で、赤ワインは造られていない。

2. アルザス地方はライン川に沿って広がるワイン産地で、ライン川の対岸にはドイツのバーデン地方がある。

3. アルザス地方で造られている貴腐ワインをヴァンダンジュ・タルディヴと言い、ピノ・ブランから造られるものが最も良い。

4. ジュラ地方の品種でグロ・ノワリアンはピノ・ノワールのことである。

5. ジュラ地方の品種でムロン・ダルボアはシャルドネのことである。

6. ジュラ地方の品種でナツーレはヴァン・ジョーヌの品種である。

7. サヴォワ地方のヴァン・ド・サヴォワ・クレピーはシャスラを原料に造られる酸味の強いワインでその産地はレマン湖の畔に位置している。

8. サヴォワ地方のセイセルはルーセットを原料に造られる白ワインとモンドゥーズから造られる赤ワインがある。

【解説】

1 アルザス地方のワインは、フランスの他の地方と異なり、品種名がラベルに表示されます。そして、ジュラ地方とサヴォワ地方では寒冷な山岳地帯に適した独特の品種も栽培されています。（WB→60～63p）

■アルザスの品種
リースリング
ゲヴュルツトラミネール
ピノ・グリ
ミュスカ
ピノ・ブラン(＝クレヴネール)
シルヴァネール
シャスラ（＝グートエーデル）
ピノ・ノワール

■ジュラの品種
プールサール
トゥルソー
ピノ・ノワール
　　（＝グロ・ノワリアン）
サヴァニャン
　　（＝ナツーレ）
シャルドネ
　　（＝ムロン・ダルボア）
ピノ・ブラン

■サヴォワの品種
モンドゥーズ
アルテス（＝ルーセット）
シャスラ
ジャケール

2 アルプス山脈に近いジュラとサヴォワ、ライン川沿いのアルザスは山岳地帯のワイン産地で、１年を通して涼しく、白ワインが主に造られています。1. ピノ・ノワールから赤とロゼが造られています。2. フランスとドイツの位置関係を知りましょう。4.5. ジュラ地方は独特の品種呼称が使われています。6. 特殊なヴァン・ジョーヌ、ヴァン・ド・パイユが造られています。7.8. レマン湖からローヌ川上流の産地がサヴォワ地方です。（WB→60～63p）

3 次の説明を読んで（　）内に当てはまる言葉を選びなさい。

1. アルザス地方には甘口のワインがあり、遅摘みで造られるものを
（A　　）、貴腐ぶどうから造られるものを（B　　）という。このワイ
ンは白だけがあり、使用して良い品種もリースリング、ゲヴュルツトラミ
ネール、ミュスカと（C　　）の4種類に限られている。

2. （D　　）地方には、収穫後最低6週間以上乾燥し、糖度が高くなったぶ
どうから造られる（E　　）というワインがある。アルコール度の高い甘
口ワインで、コート・デュ・ローヌ地方のエルミタージュでも造られてい
る。ぶどうを乾燥させることを（F　　）といい、375mlの容器を用いる。

3. サヴォワ地方は（G　　）との国境にある冷涼な産地で、フルーティな辛
口の白ワインがほとんどであるが、ローマ時代から続く（H　　）という
赤品種が栽培されている。

（ア）ジュラ　（イ）ヴァン・ジョーヌ　（ウ）クレピー
（エ）セレクション・ド・グラン・ノーブル　（オ）シャトー・シャロン
（カ）ヴァン・ド・サヴォワ　（キ）ピノ・グリ
（ク）ヴァン・ド・パイユ　（ケ）ジャケール　（コ）パスリヤージュ
（サ）シルヴァネール　（シ）ヴァンダンジュ・タルディヴ
（ス）スイス　（セ）ドイツ　（ソ）モンドゥーズ

4 次は地中海沿岸で造られるワインです。問いに答えなさい。

㋐パトリモニオ　㋑パレット　㋒レ・ボー・ド・プロヴァンス
㋓ミュスカ・デュ・カップ・コルス　㋔フィトー　㋕ミネルヴォワ
㋖バンドール

1. ㋐〜㋖のワインが産出される地方名を次から選びなさい。（重複可）

（A）プロヴァンス地方　（B）ラングドック＝ルーション地方
（C）コルス島

2. ㋐、㋒、㋔のワインのタイプを選びなさい。（重複可）

（A）赤　　（B）白　　（C）赤とロゼ　　（D）赤・白・ロゼ

3. 次の説明に合うワインを㋐〜㋖の中から選びなさい。

（A）赤はイタリアの品種サンジョヴェーゼと同じものから、白はイタリ
アの品種のヴェルメンティーノから造られるワイン。

（B）地中海に面した、風光明媚なワイン産地で、ムールヴェードル、グ
ルナッシュ、サンソーを主体に赤とロゼが、ユニ・ブラン、クレレ
ット・ブランシュから白ワインが造られている。

（C）白のフォーティファイドワイン。

3 1. アルザス地方ではド
イツと同じような甘口ワイ
ンが造られています。ヴァ
ンダンジュ・タルディヴは
この地方特産のフォアグラ
に合わせます。使用できる
品種は4種類です。

2. ジュラ地方の特殊なワイ
ンはヴァン・ジョーヌと
ヴァン・ド・パイユです。ヴァ
ン・ジョーヌはサヴァニ
ャンを原料とし、シャトー・
シャロンが有名です。陰干
しして造るヴァン・ド・パ
イユも古くから造られてい
るデザートワインです。

3. サヴォワ地方は山岳地帯
でも最も冷涼で、フランスア
ルプスに属します。そのた
め、造られるワインのほと
んどが酸の強い白ワインで
す。地方料理のチーズフォン
デュにピッタリのワインで
す。モンドゥーズという赤品
種がこの地にだけ育ってい
ます。（WB→60〜63p）

4 フランス南部、地中海沿
岸地域には、プロヴァンス
地方、コルス島、ラングド
ック＝ルーション地方があ
ります。プロヴァンス地方
はプロヴァンス・ロゼで有
名ですが、最近は白や赤も
知られるようになってきま
した。ラングドック＝ルー
ション地方は、フランスで
最も生産量の多い地域です
が、AOPワインよりもヴァ
ン・ド・ターブルの生産
地でした。近年は品種名付
きヴァン・ド・ペイの生産
が盛んです。コルス島は非
常に歴史の古い産地でイタ
リアとの関係が深く、品種
も独特です。
（WB→64〜71p）

5 次の地中海沿岸で栽培されている品種の別名の組み合わせで正しいものには（○）、誤っているものには（×）を書きなさい。

　1．マカブー ＝ マカベオ

　2．ユニ・ブラン ＝ ロール

　3．サンジョヴェーゼ ＝ シャカレッロ

　4．シラー ＝ ムールヴェードル

　5．ヴェルメンティーノ ＝ マルヴォワジー・ド・コルス

6 次の説明はフランスのフォーティファイドワインの説明です。それぞれの説明に相当する言葉を下記から選びなさい。

1．発酵途中にアルコールを添加し、発酵を停止させて甘さを残したワイン。アルコール含有量は15％以上で、赤・白・ロゼがある。代表的AOPにバニュルス、モーリー、ミュスカ・ド・ボーム・ド・ヴニーズがある。

2．上記のワインが入った樽を温度の高い室内や軒下に置き、故意に酸化を促すことによって造られる。時にはボンボンヌと呼ばれる大型のガラス瓶を屋外に置き、昼夜の温度差を利用して酸化させる。

3．果汁を発酵させる前にアルコールを添加して造る、リキュールタイプのフォーティファイドワイン。アルコールの含有量は15％〜22％である。代表的AOPとしてコニャック地方のピノー・デ・シャラント、ジュラ地方のマックヴァン・デュ・ジュラ等がある。

（ア）ヴァン・ド・リケール（VdL）　（イ）ヴァン・ドゥー・ナチュレル（VDN）

（ウ）ヴァン・ドゥー・ナチュレル・ランシオ

7 次の南西地方のAOPに関する記述で、正しいものを選びなさい。

1．ベルジュラック周辺地域のモンバジャックは
{ A．白の辛口ワイン
　B．白の甘口ワイン
　C．赤ワインと白ワイン }
を産出するAOPである。

2．ロット川流域のカオールの主要品種は
{ A．カベルネ・ソーヴィニョン
　B．タナ
　C．オーセロワ }
で赤ワインのみを産出している。

3．ピレネー地域のマディランの主要品種は
{ A．カベルネ・ソーヴィニョン
　B．タナ
　C．オーセロワ }
である。また、ジュランソンは
{ D．白の辛口ワイン
　E．白の甘口ワイン
　F．赤ワインと白ワイン }
を産出するAOPである。

---

5 古くからワインの生産が行われているフランス南部の地中海沿岸は、ギリシャ、ローマ時代に伝わった品種が多くあり、イタリア、スペインと同じ品種が栽培されています。品種も多く、他の地方や国では別の名前で呼ばれている場合があります。
（WB→15〜17p、64〜69p）

■地中海地方の品種のシノニム

・グルナッシュ＝ガルナッチャ（スペイン）

・ムールヴェードル＝モナストレル（スペイン）

・カリニャン＝マスエロ(スペイン)

・ユニ・ブラン＝トレッビアーノ（イタリア）

・ニエルチオ＝サンジョヴェーゼ（イタリア）

・ロール＝マルヴォワジード・コルス＝ヴェルメンティーノ（イタリア）

6 ヴァレ・デュ・ローヌ地方南部、ラングドック・ルーション地方ではスペインのシェリーやポルトガルのポートに似たフォーティファイドワインのヴァン・ドゥー・ナチュレルが造られています。また、コニャック地方やアルマニャックが造られるガスコーニュ地方、カルヴァドスの産地のノルマンディー地方、ジュラ地方では果汁にアルコールを添加したヴァン・ド・リケールがあります。
（WB→69〜71p）

7 南西地方は、ボルドー地方東部の広範囲に点在する特色のある産地です。ボルドー地方の上流のベルジュラック周辺地域、ロット川・アヴェイロン川周辺地域、スペイン境近くのピレネー地域等があり、生産量はさほど多くありませんが、個性的なワインと品種があります。ここに挙げたAOPはそのなかでも重要なものです。
（WB→72〜74p）

6. フランスワイン（3） 解答

<u>1</u> 1. (S)　2. (A)　3. (A)　4. (A)、(S)　5. (A)、(J)　6. (S)　7. (A)、(J)　8. (J)

<u>2</u> 1. 3. 8.（順不同）

<u>3</u> (A)（シ）　(B)（エ）　(C)（キ）　(D)（ア）　(E)（ク）　(F)（コ）　(G)（ス）　(H)（ソ）

<u>4</u> 1. ㋐ (C)　㋑ (A)　㋒ (A)　㋓ (C)　㋔ (B)　㋕ (B)　㋖ (A)

　　2. ㋐ (D)　㋒ (D)　㋔ (A)

　　3. (A) ㋐　(B) ㋖　(C) ㋓

<u>5</u> 1. ○　2. ×　3. ×　4. ×　5. ○

<u>6</u> 1.（イ）　2.（ウ）　3.（ア）

<u>7</u> 1. B.　2. C.　3. B. E.

7. イタリアワイン

1 次はイタリアワインの特徴についての文章である。（　）に当てはまる言葉を下記より選び、文章を完成させなさい。（重複可）

1. イタリアは南北に長い国で、北には（A　）があり、イタリア半島の背骨のように（B　）が縦断している。海洋としては全体が（C　）の一部であるが、トスカーナ州に面している海は（D　）、マルケ州側は（E　）と呼ばれている。州の数は（F　）あり、そのすべての州でワインが造られている。

2. イタリアでワイン造りが盛んになったのはギリシャ人がぶどう栽培適地として、栽培を広げたことによる。そして、ギリシャよりも良いワインができることから、イタリア半島をギリシャ人によって（G　）「ワインの大地」と呼ばれるようになった。

3. イタリアで栽培量の多い赤品種は（H　）でキアンティの品種としてよく知られている。また、トレッビアーノは白の代表品種で、フランスでは（I　）と呼ばれている。

4. フランス、スペインとともに世界の三大生産国の一角を占めている。この3か国で全世界生産量の約（J　）％を占める。

（ア）20　　　　　　　（サ）ティレニア海
（イ）35　　　　　　　（シ）ギリシャ海
（ウ）45　　　　　　　（ス）大西洋
（エ）アルプス山脈　　（セ）地中海
（オ）パダナ平野　　　（ソ）キアンティ
（カ）アペニン山脈　　（タ）バローロ
（キ）ピエモンテ山脈　（チ）バルベーラ
（ク）エトルリア　　　（ツ）サンジョヴェーゼ
（ケ）エノトリーア・テルス（テ）ピノ・ブラン
（コ）アドリア海　　　（ト）ユニ・ブラン

【解説】

1 イタリアは気候、風土ともにワイン生産に適した国で、20州全てで個性あるワインが造られています。ワイン造りが盛んになったのはギリシャ人がこの地にワイン造りを伝え、ローマ帝国が旺盛になってからですが、紀元前800年頃から、トスカーナ州でエトルリア人によってワイン造りが行われていました。イタリアの地形、州名、隣国との位置関係も大切です。（WB→75〜77p）
4. フランス、イタリア、スペインの3か国で世界の生産量の45〜50％を占めています。（WB→26p）

2　イタリアの地図を見て、次の問いに答えなさい。

1．②、③、⑤、⑦、⑨、⑪、⑫、⑯、⑱、⑲の州名を答えなさい。

3　次はイタリアを代表するぶどう品種です。**赤品種にはR、白品種にはBと書きなさい。**

①コルヴィーナ・ヴェロネーゼ　②プルニョーロ・ジェンティーレ
③ブルネッロ　④アルバーナ　⑤ネッビオーロ　⑥ヴェルディッキオ
⑦トレッビアーノ　⑧ピノ・ネーロ　⑨プリミティーヴォ
⑩ガルガーネガ　⑪コルテーゼ　⑫スパンナ　⑬バルベーラ　⑭グレラ
⑮プロカニコ　⑯サンジョヴェーゼ

2　イタリアの20州の名前と位置は必ず覚えるようにしてください。（WB→77p）

3　設問の品種はすべてイタリアを代表する重要な品種です。早い時期に、産地と別名を一緒に覚えてしまうと後の勉強が楽になります。①ヴェネト州のバルドリーノやヴァルポリチェッラを造る品種。②③はサンジョヴェーゼの別名で②はモンテプルチアーノ③はモンタルチーノの呼び名。⑤は別名スパンナ、キアヴェンナスカとも呼ばれる、ピエモンテ州とロンバルディア州の代表品種。⑧はピノ・ノワールのイタリア語で、スプマンテの品種。⑨はあまり聞きなれませんが、生産量の多いプーリア州の品種で、カリフォルニアのジンファンデルの原種。⑭はヴェネト州の軽く、フルーティなスプマンテを造る品種。（WB→76p）

④ 次はイタリアワインの代表銘柄である。その産地の州名を書きなさい。

　　1. フラスカーティ
　　2. アスティ
　　3. バローロ
　　4. ヴァルポリチェッラ
　　5. キアンティ
　　6. マルサラ
　　7. ソアーヴェ
　　8. バルバレスコ
　　9. エスト！エスト!! エスト!!! ・ディ・モンテフィアスコーネ
　　10. ブルネッロ・ディ・モンタルチーノ

⑤ 次はイタリアのスパークリングワインの説明である。（　　）に当てはまる適当な言葉を下記から選びなさい。

1. イタリアには弱発泡性のワインがあり、総称して（ア　　）と呼ぶ。代表的なものには（イ　　）州で造られる（ウ　　）があり、ぶどう品種は（エ　　）である。やや甘口が多く、一時アメリカで大流行した。

2. フランチャコルタに代表される、瓶内二次発酵を（オ　　）と言い、醸造方法はシャンパーニュと全く同じ方法である。ラベルには甘辛表示がされ、辛口から順に、（カ　　）、ブリュット、エクストラ・ドライ、（キ　　）、（ク　　）、（ケ　　）である。

3. イタリアでは（コ　　）によるスパークリングワインも多く造られている。その代表がピエモンテ州の（サ　　）で（シ　　）を原料にやや甘口でフルーティな味わいがある。

（A）セミ・セッコ　（B）セッコ　（C）シャルマ方式
（D）フリザンテ　（E）ピノ・グリージョ
（F）メトード・クラシコ　（G）エクストラ・ブリット
（H）ピエモンテ　（I）ランブルスコ
（J）ランブルスコ・ディ・ソルバーラ　（K）アスティ
（L）ドルチェ　（M）モスカート・ビアンコ
（N）エミリア＝ロマーニャ

⑥ 次はイタリアの甘口ワインの説明である。（　　）に当てはまる言葉を下記から選びなさい。

　収穫後ぶどうを乾燥して糖度を高めて造るワインはイタリアで広く造られている。ヴェネト州では（ア　　）と呼ばれ、その代表に（イ　　）がある。その他の地域では一般的に（ウ　　）と呼ばれ、その原料として（エ　　）、（オ　　）の品種が多く使われている。

（A）グロッソ　（B）パッシート　（C）マルヴァジーア
（D）モスカート・ビアンコ　（E）レチョート　（F）スパークリング
（G）リゼルヴァ　（H）アマローネ　（I）スプマンテ
（J）レチョート・ディ・タウラジ　（K）レチョート・ディ・ソアーヴェ

④ ここに挙げたワインはイタリアワインの代表中の代表です。フラスカーティはローマ市近郊でとれる魚料理に良く合う軽くすっきりとした日常酒です。
　バローロ、バルバレスコはピエモンテ州の赤で、熟成と共にエレガントなフィネスをもったすばらしいワインとなります。
　面白い名前のエスト！エスト!! エスト!!! は逸話があり、昔ワイン好きの偉い僧がローマに向かう途中先に出した使者においしいワインを置いてある旅籠の扉に印を付けておくように命じたのが由来と言われています。
（WB→79〜85p）

⑤ イタリアでは多くのスパークリングワインが造られています。そのタイプや醸造方法は様々です。赤のスパークリングワインもあります。（WB→78p、191p）
■代表的スプマンテ
・アスティ
　ピエモンテ州
　シャルマ方式
　品種：モスカート・ビアンコ
・ブラケット・ダックイ
　ピエモンテ州
　品種：ブラケット
・フランチャコルタ
　ロンバルディア州
　瓶内二次発酵
　品種：ピノ・ビアンコ、
　シャルドネ、ピノ・ネロ
・オルトレポ・パヴェーゼ
　メトード・クラシコ
　ロンバルディア州
　瓶内二次発酵
　品種：ピノ・ネロ
・コネリアーノ・プロセッコ
　ヴェネト州
　品種：グレラ

⑥ 甘口のワインを造るためにはぶどうを箱に入れる、あるいは天井から吊るして通気性の良い納屋で乾燥させます。パッシートやレチョートは多く造られています。（WB→78〜79p）

7 次のワインはどの品種を主体に造られているかを【A欄】から、ワインの生産州名を【B欄】より選びなさい。（重複可）

　　1．キアンティ　2．バルバレスコ　3．ソアーヴェ　4．タウラジ
　　5．オルヴィエート　6．フランチャコルタ　7．バローロ
　　8．カルミニャーノ　9．ガッティナーラ
　　10．ヴィーノ・ノビレ・ディ・モンテプルチアーノ

【A欄】
　　（ア）マルヴァジーア　（イ）グレケットとプロカニコ
　　（ウ）サンジョヴェーゼ　（エ）アリアニコ　（オ）ネッビオーロ
　　（カ）ヴェルドゥッツォ・フリウラーノ　（キ）ガルガーネガ
　　（ク）シャルドネとピノ・ノワール、ピノ・ビアンコ

【B欄】
　　①ピエモンテ　②ロンバルディア　③ヴェネト　④エミリア＝ロマーニャ
　　⑤トスカーナ　⑥ラツィオ　⑦ウンブリア　⑧カンパーニャ
　　⑨アブルッツォ　⑩プーリア　⑪シチリア

8 次の言葉を説明している文はどれか選びなさい。

　　1．クラシコ
　　2．リゼルヴァ
　　3．スペリオーレ

　　（ア）樽、または瓶熟期間を長くしたワイン。
　　（イ）最低アルコール度数より0.5％以上アルコール度の高いワイン。
　　（ウ）古くからワインを生産していた地域を特定し区別するために使われる用語。

9 次はイタリアを代表するワインの説明である。そのワイン名を下記から選びなさい。

1．ラツィオ州のワインで、首都ローマ市の近郊で造られる軽い白ワイン。マルヴァジーアを主品種に造られ、溌剌としてフレッシュな味わいがある。

2．ピエモンテ州を代表する赤ワインで、18世紀には既に海外でも有名になっていた。最初にDOCGに指定されたワインでもあり、ガーネット色を帯びた赤色で芳醇な風味を持つ。原料品種はネッビオーロ、5年以上熟成させたものにはリゼルヴァと表示できる。

3．トスカーナ州のワインで、赤のみが1990年にDOCGに昇格した。サンジョヴェーゼ50％以上とカベルネ・ソーヴィニョンを主原料にエレガントなワイン。

4．ピエモンテ州最高の白ワインで、フルーツ香が高く、且つ、エレガントさ芳醇さを兼ね備えている。原料品種であるコルテーゼをラベルに表示している場合もある。

5．非常に奇妙な名前を持つこのワインは、ラツィオ州がその産地で、伝説で

7 州やワインによっていろいろなぶどう品種が使われているのもイタリアの特徴です。ギリシャからの品種も多く、名前が覚えにくいと思います。フランスとはほとんど品種が異なります。（WB→81〜87p）

■生産量の多い品種
赤：サンジョヴェーゼ、モンテプルチアーノ、メルロ、バルベーラ
白：カタラット、トレッビアーノ、シャルドネ、グレーラ

8 ラベルのワインの名の後によく見られる言葉です。例えば"キアンティ・クラシコ"とか、"キアンティ・クラシコ・リゼルヴァ"等と書いてあるラベルを見たことがあると思います。イタリアワインの質を示す大事な言葉ですのでしっかり理解してください。（WB→79p）

9 1．フラスカーティは軽く爽やかなワインで日本人の味覚に良く合います。魚介類にはぴったりなワインです。カンネリーノ（甘口）とスペリオーレはDOCGに昇格している。
2．ピエモンテ州にはバローロとバルバレスコの2大赤ワインがあります。
3．最近DOCGに昇格するワインが増えています。
4．イタリアでブルゴーニュの白ワインと匹敵するエレガントなワインです。
5．このワインの物語はあまりにも有名です。
6．フラスカーティよりさらにフルーティな感じに造られているワインです。
7．ソアーヴェはイタリアの白として最も有名です。（WB→81〜87p）

有名である。中世ドイツの騎士ヨハンネス・フッガーは従者をしたて、良い酒蔵には扉に「ある」という言葉を書かせた。そして後から行ったフッガーはそのワインを楽しんだ。ある日、すばらしいワインを探し当てたフッガーは扉に「ある」を3回書いた。これがこのワインの名前の由来である。麦藁色をしたこくのある白ワインで、辛口と薄甘口がある。

6．マルケ州はアドリア海に面した州で、魚介類の豊富な地域である。この州を代表するフレッシュでフルーティな白ワインはワインと同名の品種を使用しており、産地が品種名の後に付けられている。古くからある特定地域から造られたものはクラシコの表示ができる。

7．ヴェネト州の白ワイン。涼しい地域でエレガントそしてフルーティな味わいを持つ。主品種はガルガーネガで70％以上使用しなければならない。

（A）カルミニャーノ　（B）ソアーヴェ
（C）エスト！エスト!!エスト!!! ディ・モンテフィアスコーネ
（D）フラスカーティ
（E）ヴェルディッキオ・ディ・カステッリ・ディ・イェージ
（F）バローロ　（G）ガヴィ

10 次のワインからDOCGワインを選び、そのワインを産する州名を書きなさい。

1．フラスカーティ・スペリオーレ
2．タウラージ
3．バルベーラ・ダスティ・スペリオーレ
4．アスティ
5．マルサラ
6．ヴィーノ・ノビレ・ディ・モンテプルチアーノ
7．フランチャコルタ
8．ヴァルポリチェッラ
9．ガヴィ
10．オルヴィエート
11．バルベーラ・ダルバ
12．ラマンドロ
13．ロマーニャ・アルバーナ
14．ボルゲリ／ボルゲリ・サッシカイア
15．トレント

■有名DOCワイン名
ピエモンテ州
・バルベーラ・ダルバ
ロンバルディア州
・クルテフランカ
・オルトレポ・パヴェーゼ
ヴェネト州
・ソアーヴェ
・ヴァルポリチェッラ
・バルドリーノ
エミリア＝ロマーナ州
・ランブルスコ・ディ・ソルバーラ
・サンジョヴェーゼ・ディ・ロマーニャ
ウンブリア州
・オルヴィエート
ラツィオ州
・フラスカーティ
・エスト！エスト!!エスト!!! ディ・モンテフィアスコーネ
カンパーニャ州
・ラクリマ・クリスティ
シチリア州
・マルサラ
サルディーニャ州
・ヴェルナッチャ・ディ・オリスターノ

10 1980年に始めてDOCGに該当するワインが認められ、それ以来徐々に増えています。（WB→81～87p）

7. イタリアワイン　解答

1　(A)(エ)　(B)(カ)　(C)(セ)　(D)(サ)　(E)(コ)　(F)(ア)　(G)(ケ)　(H)(ツ)　(I)(ト)　(J)(ウ)

2　②ピエモンテ　③ロンバルディア　⑤ヴェネト　⑦エミリア＝ロマーニャ　⑨トスカーナ　⑪ラツィオ
　⑫カンパーニャ　⑯アブルッツォ　⑱プーリア　⑲シチリア

3　①R　②R　③R　④B　⑤R　⑥B　⑦B　⑧R　⑨R　⑩B　⑪B　⑫R　⑬R　⑭B　⑮B　⑯R

4　1.ラツィオ　2.ピエモンテ　3.ピエモンテ　4.ヴェネト　5.トスカーナ　6.シチリア　7.ヴェネト　8.ピエモンテ
　9.ラツィオ　10.トスカーナ

5　(ア)(D)　(イ)(N)　(ウ)(J)　(エ)(I)　(オ)(F)　(カ)(G)　(キ)(B)　(ク)(A)　(ケ)(L)　(コ)(C)　(サ)(K)
　(シ)(M)

6　ア (E)　イ (K)　ウ (B)　エ (C)　オ (D)(エ、オは順不同)

7　1.(ウ)⑤　2.(オ)①　3.(キ)③　4.(エ)⑧　5.(イ)⑦　6.(ク)②　7.(オ)①　8.(ウ)⑤　9.(オ)①
　10.(ウ)⑤

8　1.(ウ)　　2.(ア)　　3.(イ)

9　1.(D)　2.(F)　3.(A)　4.(G)　5.(C)　6.(E)　7.(B)

10　1.ラツィオ　2.カンパーニャ　3.ピエモンテ　4.ピエモンテ　6.トスカーナ　7.ロンバルディア
　9.ピエモンテ　12.フリウリ＝ヴェネツィア＝ジューリア　13.エミリア＝ロマーニャ

8. スペイン、ポルトガルワイン

1 次はスペインとポルトガルのワインについての説明である。（　　）に当てはまる言葉や数字を【A欄】より選びなさい。

1. フランスとピレネー山脈で国境を接しているスペインはイベリア半島のほとんどを占めている。気候は大西洋と地中海の影響を受けており、地域によってそれぞれ異なった気候風土があり、造られるワインは多彩である。スペインの産地は大きく7地域に分類され、北部地方は地中海に注ぐ、（ア　　）川沿いに、（イ　　）や（ウ　　）がある。内陸部地方にはスペインで最も生産量の多い（エ　　）がある。また、カスティーリャ・レオン州の（オ　　）川沿い地域も有名で（カ　　）がある。そして、南部地方にはシェリーで有名な（キ　　）がある。

2. ぶどう品種はほとんどがスペイン原産種で、主要品種は20種ほどである。白品種では瓶内二次発酵のスパークリングワイン、（ク　　）を造る品種として知られる（ケ　　）、（コ　　）、（サ　　）、リオハの（シ　　）等が有名である。シェリーの原料として栽培されている（ス　　）と（セ　　）も白の主要品種である。赤ワインの主要品種は（ソ　　）で、栽培面積が最も大きいのは白品種の（タ　　）である。

3. スペインの隣にあるポルトガルもワインの産地として古い歴史のある国である。ポルトガルは国土が日本の約1/4と狭く、東と北はスペインに、西と南は大西洋に接する国である。
ポルト市を中心とした北部は内陸部にかけて起伏の多い地形で、最北部の産地である（チ　　）は（ツ　　）のワインを造る。（テ　　）川上流では（ト　　）の原料となるワインを生産しており、畑には（ナ　　）といわれる格付けがされている。中部ではポルトガルで最も高品質の赤として有名な（ニ　　）がある。

【A欄】

（1）テンプラニーリョ	（2）3
（3）5	（4）1
（5）ドウロ	（6）リオハ
（7）ビウラ	（8）ポート
（9）微発泡	（10）アイレン
（11）カバ	（12）カダストロ
（13）パロミノ	（14）ラ・マンチャ
（15）ドゥエロ	（16）エブロ
（17）リベラ・デル・ドゥエロ	（18）ナバーラ
（19）チャレロ	（20）ヴィーニョ・ヴェルデ
（21）ダン	（22）ペドロ・ヒメネス
（23）マカベオ	（24）パレリャーダ
（25）ヘレス＝セレス＝シェリー	

1 スペインとポルトガルワインの一般常識です。とは言ってもなじみの少ない品種名や産地名であったと思います。高級赤ワインの原料となるテンプラニーリョやシェリーの原料であるパロミノ、カバの品種も覚えておいたほうが良いでしょう。
（WB→89〜98p、99〜104p）

■Cavaの品種
マカベオ
チャレロ
パレリャーダ
■赤ワイン用品種
テンプラニーリョ
ガルナッチャ・ティンタ
マスエロ
モナストレル
■白ワイン用品種
アルバリーニョ
ビウラ（＝マカベオ）
チャレロ
パロミノ
ペドロ・ヒメネス

2 次の文章を読んで関係のある言葉を選びなさい。

1. スペインで1970年全国原産地呼称庁ができる。

2. ポートワインのぶどう畑の原産地管理法が制定された。

3. スペインでは単一ぶどう畑の品質分類ができ、2003年初めてラ・マンチャ地区で指定を受けた。

4. この川の上流でポートワイン用のぶどうが栽培され、かつてラベロ船が活躍した。

5. 1990年以降、衰退しかかっていたプリオラートであったが「４人組」と呼ばれる醸造家によって、世界的に評価されるワインが造られるようになった。

6. カスティーリャ＝レオンとアラゴンの統一により、700年以上支配していたムーア人を撤退させた。

7. ポルトガルのエンリケ王子時代に開拓された島で、北大西洋航路には欠かせない寄港地となった。

8. 19世紀後半、フランスのワイン産地に大きな被害をもたらした害虫によって、ワイン造りができなくなった人々がボルドーから移り住み、リオハに樽熟成の技術が伝わった。

（A）マデイラ　　　　　　　　（B）フィロキセラ
（C）ポンバル伯爵　　　　　　（D）ドウロ
（E）ビノ・デ・パゴ（VP）　　（F）スーパー・スパニッシュ
（G）レコンキスタ　　　　　　（H）INDO

3 次の設問に当てはまるぶどう品種名を書きなさい。

1. マカベオのリオハでのシノニム
2. カリニャンのスペインでのシノニム（２つ）
3. グルナッシュのスペインでのシノニム
4. ムールヴェードルのスペインでのシノニム

4 スペインを代表する品種、テンプラニーリョは産地によってその呼び方が変わる。１．～３．でのそれぞれのシノニムを書きなさい。

1. カタルーニャ
2. ラ・マンチャ
3. カスティーリャ・レオン（３つ）

---

2 スペイン、ポルトガルワインの歴史や独特のワインの名前を徐々にわかるようにしましょう。
（WB→89～90p、99p）

大切な言葉
■**スペイン**
・レコンキスタ
・テンプラニーリョ
・プリオラート
・クリアンサ
・シェリー
■**ポルトガル**
・ポート（ドウロ）
・マデイラ
・エンリケ王子

3 グルナッシュ、カリニャン、ムールヴェードルは南仏で多く栽培されている品種ですが、いずれも原産はスペインです。スペインとフランスは国境を接していますので、スペイン原産の品種が南仏で栽培される一方、ボルドーの生産者がリオハに樽熟等の高品質ワインの醸造技術を伝える、等お互いに影響を与えています。「シノニム」とは別名の事です。
（WB→91p）

4 スペインの代表的黒ぶどう品種、テンプラニーリョはリオハ、ナバーラ地方が原産で"早熟"という意味の名前です。スペイン各地で栽培されており、多数の別名をもちます。リオハに続く有名産地のリベラ・デル・ドゥエロではティント・フィノ、トロではティンタ・デ・トロと呼ばれます。また、ポルトガルではティンタ・ロリスと呼ばれます。（WB→92p）

⑤ 次はスペインワインの主要ワイン産地図である。①〜⑧の産地名を【A欄】から、またその産地名を説明している文章を【B欄】から選びなさい。

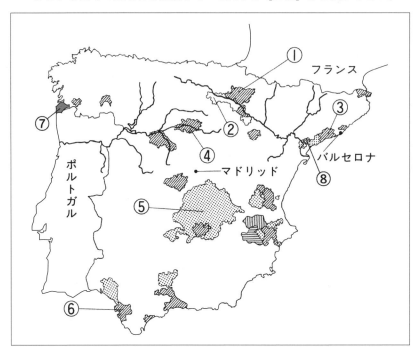

【A欄】

（ア）ナバーラ　（イ）ペネデス　（ウ）リベラ・デル・ドゥエロ
（エ）リオハ　（オ）ラ・マンチャ
（カ）ヘレス＝セレス＝シェリー
（キ）リアス・バイシャス　（ク）ルエダ　（ケ）プリオラート　（コ）トロ

【B欄】

（A）マドリッド北東250kmにあるこの地方は11世紀〜12世紀ベネディクト派の修道院によりワイン造りが始まった。その後、1880年代フィロキセラの被害でワイン造りが困難となったボルドーの醸造家が移住したことにより、樽熟の技術が伝わり、高品質ワインの産地となった。

（B）リオハに隣接するワイン産地で近年赤ワインの品質向上があり注目を集めている。ガルナッチャを主体にボディのある柔らかな赤とロゼが有名。

（C）フォーティファイドの産地として有名。石灰質土壌がほとんどを占め、パロミノからは主に辛口のフィノが造られている。

（D）地中海性の気候で、カバが有名。その他は軽い赤ワインと白、ロゼが造られていた程度であったが、近年カベルネ・ソーヴィニョンやシャルドネの生産が盛んになっており、近代醸造技術の中心地である。

（E）ドゥエロ川沿いに広がる産地で、ティント・フィノ、カベルネ・ソーヴィニョン等が植えられている。リオハ同様オークの小樽での熟成が行われており、長熟のエレガントなワインを造っている。

⑤ 産地の説明を自分の言葉でするとなるとなかなか特徴が言葉に出ないものです。時々、リオハやナバーラ、ペネデス等の産地を地図で確かめ、そのワインの特徴を思い出すように心がけてください。
（WB➡93〜96p）

■スペインの主要産地
北部地方
・リオハ
・ナバーラ
・ソモンターノ
地中海地方
・ペネデス
・プリオラート
・イエクラ
・フミリヤ
・アリカンテ
内陸部地方
・シガレス
・トロ
・ルエダ
・リベラ・デル・ドゥエロ
・ビエルソ
・ラ・マンチャ
大西洋地方
・リアス・バイシャス
・リベイラ・サクラ
南部地方
・ヘレス＝セレス＝シェリー
・マンサリーニャ・サンルカール・デ・バラメダ
・モンティーリャ＝モリレス
・マラガ
・シエラ・デ・マラガ

（F）スペインで最も広いワイン産地、スペインのほぼ中央に位置する。軽く日常的に飲むワインを造っており、ブランデー用のアルコールの供給地としても知られている。近年、高品質ワインの生産地として注目を集めている。

（G）1980年代後半、「4人組」といわれる醸造家集団による改革をきっかけに、高品質な赤ワイン産地として躍進した。ガルナッチャやカリニェナの古木からのぶどうに、カベルネ・ソーヴィニョン等の高級品種をブレンドしたワインで注目された。2009年DOCaに昇格

（H）アルバリーニョからスペインを代表する高品質な白ワインが造られている。多湿な気候により、ぶどうは棚仕立てで行われている。

⑥　次はシェリーのタイプの説明である。どのタイプを説明しているか選びなさい。

1．茶色がかった琥珀色でアロマティックな香りを持つ。アルコールは17％以上で、辛口から甘口までスタイルがある。

2．サンルーカル・デ・バラメダだけで造られる、辛口のシェリーで、産膜酵母の影響を受けているが、普通のフィノ・タイプよりもエレガントである。

3．フィノを熟成させたタイプで、琥珀色でナッツの香りが強い。

4．色の濃い、リキュールタイプの濃厚な甘口でぶどう品種と同じ名前。

　（ア）マンサニーリャ　（イ）オロロソ　（ウ）フィノ　（エ）ソレラ
　（オ）アモンティリャード　（カ）ペドロ・ヒメネス

⑦　スペインとポルトガルで造られる、フォーティファイドワインに関する問いに答えなさい。

1．シェリーの産地は石灰質が顕著な土壌であるが、その名称を何と言うか。

2．シェリーの熟成方法を何と言うか。

3．ポートワインの原料ワインの法定栽培地域、ドウロ川上流（アルト・ドウロ）地区のぶどうの段々畑には格付けがされている。その格付けを何と言うか。

4．ポートワインの主要品種で、黒ぶどうを3つ挙げなさい。

5．ポートワインでブランデーを添加して発酵を止めることを何と言うか。

6．マデイラの加熱方法で、ヴィンテージワインや高級品の加熱熟成方法を何と言うか。

⑥　スペインを代表するフォーティファイドワインのシェリーは古くから有名です。醸造方法、シェリーのタイプ、それぞれとても重要です。土壌のアルバリサ（石灰質）によって酸の強いワインが造られ、フロールの繁殖により独特の香りが付きます。そして、近くのモンティーリャ＝モリレス、マラガも一緒に覚えましょう。（WB→96〜98p）
■シェリーのタイプ
・フィノ
・マンサニーリャ
・アモンティリャード
・パロ・コルタド
・オロロソ
・ペドロ・ヒメネス

⑦　世界三大酒精強化ワインが、シェリー、ポート、マデイラです。酒精強化のタイミングがそれぞれ違いますので整理しておきましょう。シェリーのフィノは発酵が終わった後に行います。フロール（産膜酵母）の状態によりアルコールの添加量が違ってきます。フロールのついたものは15％〜16％のアルコール度数まで酒精強化をします。アルコール度数がそれ以上になるとフロールが消滅してしまいます。ポートは発酵途中で酒精強化をして発酵を止めます。この作業をベネフィシオといいます。マデイラは味のタイプにより違います。甘口タイプのボアル、マルムジーは発酵の初期段階のまだ糖が多く残っている段階で、また、辛口タイプのセルシアル、ヴェルデーリョは発酵の終了段階で行われます。（WB→96〜98p、102〜104p）

⑧ 次はポルトガルワインの主要産地の説明である。記述にあう産地名を選びなさい。

1. ポルト市の南方に位置し、海岸近くにぶどう畑が広がっている。多くはしっかりとした力強い赤ワインだが、スパークリングワインも有名な産地。

2. 北西部海岸地方で、発泡性を持った若くてフレッシュな白ワインで有名。「緑のワイン」という意味がある。

3. 同名の川の上流地域で造られる、ポートの原料となるスティルワイン。ぶどう畑には、カダストロと呼ばれる格付けがある。

4. ポルトガルの中央部に位置し、ワイン産地と同名の川の流域に広がり、生産量の約80％が赤ワインである。色が濃く力強いボディがあり、ポルトガル最高品質の赤ワインと言われている。

5. 加熱による熟成・風味付けが特徴の三大酒精強化ワインのひとつとして有名な産地。

(ア) ヴィーニョ・ヴェルデ
(イ) アレンテージョ
(ウ) マデイラ
(エ) ダン
(オ) ドウロ
(カ) バイラーダ

⑨ 次の説明に当てはまるマデイラの品種名を選びなさい。

1. 冷涼な気候で栽培され、辛口のマデイラを造る。

2. 海岸沿いの暑い地域で栽培され、甘口のマデイラを造る。

3. マデイラ唯一の赤品種で広く栽培されている。

(ア) ティンタ・ネグラ・モーレ　(イ) マルヴァジア　(ウ) ボアル
(エ) ヴェルデーリョ　(オ) セルシアル

⑧ ポルトガルのワインは、比較的馴染みがないので産地名を覚えるのが大変かもしれません。まず代表的な産地を覚えてください。世界三大酒精強化ワインのうち、2つがポルトガルで造られています。ポルト・エ・ドウロ地方は、同じ地区でドウロ（スティルワイン）、ポルト（酒精強化ワイン）と2つDOPを持っています。また、マデイラワインも、同じマデイラ島内の指定栽培地域でマデイレンセ（スティルワイン）、マデイラ（酒精強化ワイン）と2つDOPを持っています。（WB→101～102p）

⑨ マデイラはぶどう品種の特徴に合わせ辛口から甘口までタイプを変えています。特にセルシアルは酸が強く辛口に向いた品種です。マデイラは100年以上その味わいが変わらず楽しむことができます。（WB→104p）

9. ドイツ、その他のヨーロッパワイン

1 次の文章はドイツワインの概論である。（　　）内に当てはまる適当な言葉を下記から選びなさい。

1. ヨーロッパにおけるワイン造りの北限はドイツワイン産地の（ア　　）で、北緯（イ　　）度である。また、北緯50度を示す石標がラインガウ地方の偉大な畑である（ウ　　）にある。

2. ドイツワインの生産地域は、アルプスに源を持つドイツ最南部の美しい湖、ボーデン湖から流れ出ている（エ　　）とその支流沿いに広がっている。（エ　　）は、その幅の広さと水量の多さにより、重要なワインを運ぶ水路で、また、ぶどうにとっては川面がぶどう畑に大切な陽光を反射し、しかも厳寒からぶどうの木を守る霧の発生源としても、大事な役目を担っている。

3. ドイツでは白ワインが多く生産されているが、徐々に赤ワインの生産量が増えている。また、白ワインの味わいのタイプとして（オ　　）が増えている。

4. ドイツワインの品質分類は、収穫時のぶどう果汁の（カ　　）によって決まる。Qualitätsweinは同一の（キ　　）内で収穫されたぶどうから造られ、ドイツワインのなかでこの格付けのワインが最も生産量が多い。

5. ドイツワインの歴史はローマ人のゲルマン征服によって始まった。野生品種の（ク　　）とローマから持ち込まれたと言われる（ケ　　）がモーゼルのトリアー近郊に栽培された。その後、中世に入るとキリスト教の修道士たちによるワイン造りが始まった。1130年には現在のシュロス・ヨハニスベルクの（コ　　）が、1135年には（サ　　）がラインガウに設立され、ワイン産業が発展した。

A. ベネディクト　　B. ライン川　　　　C. 52
D. 55　　　　　　　E. 中甘口　　　　　F. 辛口
G. 極甘口　　　　　H. ミュラー・トゥルガウ　I. ザーレ・ウンストルート
J. 糖度　　　　　　K. 13指定栽培地域
L. 41ベライヒ
M. リースリング　　N. シトー派修道院　　O. アルコール度数
P. シュロス・ヨハニスベルク
Q. エルプリング　　R. ベネディクト派修道院

2 ドイツで最も生産量の多い品種は次のうちどれか選びなさい。

1. ミュラー・トゥルガウ
2. リースリング
3. シルヴァーナ
4. ショイレーベ

【解説】

1 ドイツは北限のワイン産地です。そのため色々なリスクを負いながらワイン造りにいそしんでいます。また、ライン川はドイツワインにとって最も大事な自然の恵みです。ライン川から発生する霧によってトロッケンベーレンアウスレーゼ等も造られるのです。
ドイツワインはフルーティな白ワイン、というイメージが定着していると思いますが、近年赤ワインが増加傾向にあります。また、味のタイプも辛口ワインが生産量の半数以上を占めています。ドイツワインの品質分類は、収穫時のぶどうの糖度に基づいて行われます。また、プレディカーツヴァインの6段階の品質分類も、あくまでも収穫時のぶどうの糖度によって行われ、ワインの甘辛とは関係がありません。（WB→105〜107p)

■産地13地域
・アール
・ミッテルライン
・モーゼル
・ナーエ
・ラインガウ
・ラインヘッセン
・ファルツ
・ヘシッシェ・ベルグシュトラーセ
・フランケン
・ヴュルテムベルク
・バーデン
・ザクセン
・ザーレ・ウンストルート

2 ドイツの白ワインの生産で最も多い品種は、リースリングです。（WB→106p)

■白品種
リースリング
ミュラー・トゥルガウ
グラウブルグンダー

■赤品種
シュペートブルグンダー
ドルンフェルダー
ポルトギーザー

3 次の品種の別名もしくは交配を下記から選びなさい。

1．ピノ・ムニエ
2．ピノ・ブラン
3．ドルンフェルダー
4．ミュラー・トゥルガウ
5．ピノ・ノワール
6．ドミナ

（A）ヴァイスブルグンダー　（B）シュペートブルグンダー
（C）ルーレンダー　（D）シュヴァルツリースリング
（E）リースリング×マドレーヌ・ロイヤル
（F）ヘルフェンシュタイナー×ヘロルドレーベ
（G）トロリンガー×リースリング
（H）ポルトギーザー×シュペートブルグンダー

3 ドイツではフランスの AOPのようにぶどう品種 の地区別指定はありません。 そのため昔から品種改良が 盛んです。より収量が多く、 耐寒性の高い品種を求め品 種改良が行われてきました。 最近では赤品種でも盛んで す。特にドルンフェルダー は色調の深さ、充分な酸等 で最も成功した赤の交配品 種といわれています。
一方、フランス原産の品種 も多く栽培されていますが、 呼び方がドイツ独特のもの に変わります。
ドイツの品種では、この別 名（シノニム）と交配品種 に注意して覚えてください。
（WB→106p）

④ 次はドイツのワイン産地図である。①〜⑬の指定栽培地域名を選びなさい。また、⑭〜⑲の川の名前を選びなさい。

④ ドイツには13の指定栽培地域があります。その場所をきちんと覚えることを最初に行いましょう。そして、産地と川の関係、都市名も一緒に覚えるようにしましょう。（WB→110p）

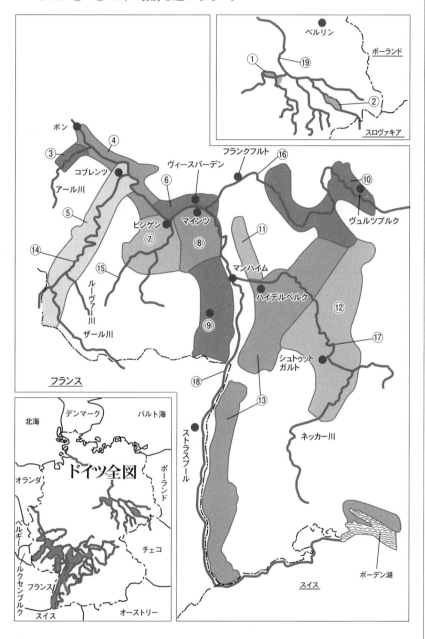

【13指定栽培地域名】

　⑦ヴュルテムベルク　⑦ザーレ・ウンストルート　⑦モーゼル

　⑦アール　⑦ファルツ　⑦ラインヘッセン　⑦バーデン

　⑦ヘシッシェ・ベルクシュトラーセ　⑦フランケン　⑦ナーエ

　⑦ラインガウ　⑦ザクセン　⑦ミッテルライン

【川の名前】

　⑦ライン川　⑦ナーエ川　⑦モーゼル川　⑦マイン川　⑦エルベ川

　⑦ネッカー川

5 次の数字は何を表しているか。下記より数字に関係のある言葉を選びなさい。

（1）163　　（2）13　　（3）26　　（4）2,657　　（5）41

（A）アインツェルラーゲ

（B）ラントヴァイン

（C）ベライヒ

（D）アンバウゲビーテ

（E）グロスラーゲ

6 ドイツの13指定栽培地域のうち、（ア）最も北に位置する地域と（イ）最も南に位置する地域を次の中から選びなさい。

1．アール　　2．ファルツ　　3．ザクセン
4．ザーレ・ウンストルート　　5．バーデン

7 次の文章はドイツワインの説明である。当てはまるワインのタイプや種類、用語を下記から選びなさい。

1．ドイツワイン独特の甘味とフルーティさを出すためにワインの仕上げの際に使われる果汁。

2．ぶどうの糖度を表示する言葉で、果汁と水の比重の差の測定値。これを発見した科学者の名前に由来する。

3．ブランド名ワインで生産地域はラインヘッセン、ファルツ、ラインガウ、ナーエ、品質分類はQualitätsweinのみで味わいは中甘口に限られる。日本語に訳すと「聖母の乳」の意味である。

4．ドイツの新酒で11月1日に発売が開始される。ヴィンテージの記載が義務である。

5．白品種と赤品種を発酵前に混ぜてから醸造されるロゼワインで、ヴュルテムベルクのシラーヴァインとバーデンのバーディッシュ＝ロートゴールドが有名。

（A）ロートリング　　（B）クラシック　　（C）リープフラウミルヒ

（D）セレクション　　（E）ディア・ノイエ　　（F）シャウムヴァイン

（G）ズースレゼルヴ　　（H）エクスレ度　　（I）アー・ペー・ヌンマー

---

5 ここに挙げた数字でドイツワインはいかに多くのアインツェルラーゲ（単一畑）があるかがおわかり頂けるでしょう。これを全部覚えようとしても無理なことです。
指定栽培地域アンバウゲビーテは幾つかのベライヒに分かれています。そしてその中の集合畑グロスラーゲがあります。
（WB→111p）

6 最も南に位置するバーデンは、フランス北部に位置するアルザス地方に隣接しています。
（WB→110〜112p）

7 ドイツワインの用語には、特殊なブランド名を持つワイン、辛口・甘口ワイン、糖度に関する言葉等があります。またロゼワインも造り方などにより、様々な名称があります。
（WB→106〜109p）

8 次の文章を読んで関係のある言葉を選びなさい。

1. オーストリアのぶどうの糖度の測定に使われる単位。

2. スイスでは辛口の白ワインがこの品種から多く造られており、チーズ・フォンデュとよく合う。

3. スイスでピノ・ノワールから造られる、「うずらの目」のような色の薄いロゼワイン。

4. ギリシャには多くのワインに関する遺跡があるが、クレタ島ではぶどうの圧搾機やアンフォラが多く出土した。

5. ギリシャの伝統的なワインで醸造過程に松脂を加えて風味付けを行う。

（A）ミノア文明   （D）レッツィーナ
（B）ウイユ・ド・ペルドリ （E）シャスラ
（C）KMW   （F）トカイ

9 次はオーストリアのプレディカーツヴァインの表です。空欄を埋めなさい。

格付け	説明
シュペートレーゼ	KMW 19 度以上
（ア）	KMW 21 度以上
ベーレンアウスレーゼ	KMW 25 度以上
（イ）	KMW 25 度以上で凍結ぶどうから造る
（ウ）	KMW 25 度以上で遅摘ぶどうを乾燥して造る
トロッケンベーレンアウスレーゼ	KMW 30 度以上の樹上で自然乾燥した貴腐ぶどうから造る貴腐ワイン
（エ）	KMW 30 度以上のルスト村で造られるトロッケンベーレンアウスレーゼ

8 オーストリア、スイス、ハンガリー、ギリシャのワインも広く飲まれています。歴史や独特のワインの名前を徐々にわかるようにしましょう。
（WB→113〜116p、120p）

大切な言葉
■**オーストリア**
・KMW
・グリューナー・ヴェルトリーナー
・ホイリゲ
・ヴァッハウ
■**スイス、ハンガリー、ギリシャ**
・シャスラ
・トカイ
・レッツィーナ
・クレタ島
・アンフォラ

9 オーストリアはドイツと同様、収穫されたぶどうの糖度によって品質分類がなされます。但し、カビネットはクヴァリテーツヴァインに分類されます。また、シュトローヴァイン、アウスブルッフ等ドイツより暖かい気候を生かした甘口ワインが造られています。(WB→113p)

10 次のスイスワインに関する問に該当する言葉を選びなさい。

1. 山岳地帯のスイスでは、生産量の約半分が白ワインである。そのなかでも最も多い品種は何か。

2. スイス最大の産地名を書きなさい。

3. ウイユ・ド・ペルドリの品種は何か。また、その産地はどこか。

4. スイスの南部でイタリアに国境を接する産地はどこか。また、栽培されている赤品種は何か。

（ア）ヴァレー　（イ）ヌーシャテル　（ウ）ティチーノ
（エ）メルロ　（オ）ピノ・ノワール　（カ）シャスラ

11 ハンガリーのワインについて誤っている文章を選びなさい。

1. 北ハンガリー地方のエゲルではケークフランコシュを主体にエグリ・ビカヴェールという赤ワインが造られている。

2. ハンガリーは多くの国と接しており、かつてオーストリア＝ハンガリー帝国時代があったように、オーストリアは勿論のこと、スロベニア、クロアチア、ルーマニア、スロバキア、ウクライナ、ブルガリアとも接している。

3. クロアチアに近いヴィラーニは温暖な気候で、カベルネ・ソーヴィニヨン、メルロ、カベルネ・フラン等の品種の栽培も盛んで高品質ワインが造られている。

4. ハンガリーの首都はトカイである。

5. トカイが造られている、トカイの主要品種はケークフランコシュである。

6. 「王のワイン」「ワインの王」としてフランスのルイ14世に賞賛されたワインは貴腐ワインのトカイである。

7. ハンガリーがEUに加盟したのは2004年である。

8. 避暑地として知られるバラトン湖の北岸にあるワイン産地はドナウ地方である。

12 ギリシャのレッツィーナについて① どのようなタイプのワインか、また、② 品種名をそれぞれ答えなさい。

10 スイスは3つの言語圏に分かれます。フランス国境側がスイス・ロマンド（フランス語圏）、ドイツ国境側がスイス東部（ドイツ語圏）、そしてイタリア国境側がティチーノ（イタリア語圏）です。ワイン生産の中心はスイス・ロマンドでヴァレー、ヴォー、ジュネーブ、ヌーシャテル等の産地があります。スイスで最も重要な品種はシャスラです。（WB→115p）

11 貴腐ワインのトカイで有名なハンガリーですが、古くからワインを造る産地で、ソ連から独立後の1990年以降は西側諸国からの投資が行われ、ワイン産業の近代化がみられ高品質ワインが造られています。エゲルやヴィラーニ等が特に有名です。ハンガリーが接している国は時計回りに、オーストリア、スロバキア、ウクライナ、ルーマニア、セルビア、クロアチア、スロベニアです。（WB→116p）

12 レッツィーナはギリシャの伝統的なフレーヴァード・ワインで、醸造過程で松脂を加えて風味付けを行います。これは古代、アンフォラの口を松脂でふさいでいたのが由来で、酸化防止や防腐効果があります。現在風味付けの松脂は濾過の際に取り除かれています。品種はサヴァティアーノで、中央ギリシャのアッティカがその中心産地です。（WB→120p）

13 次の品種と関係のあるワイン名や産地名を選びなさい。

1. メルロ		（A）	ヴィーニョ・ヴェルデ
2. クシノマヴロ		（B）	ヴァッハウ
3. ケークフランコシュ		（C）	ウイユ・ド・ペルドリ
4. バガ		（D）	バイラーダ
5. ピノ・ノワール		（E）	ナウサ
6. アルバリーニョ		（F）	ティチーノ
7. パレリャーダ		（G）	エグリ・ビカヴェール
8. グリューナー・ヴェルトリーナー		（H）	カバ

13 色々な国の品種が混在すると、急に難しく感じます。国ごとに、主要品種を覚えるようにします。
1. メルロ…スイスの南、イタリアとの国境のティチーノの代表品種
2. クシノマヴロ…ギリシャ北部、マケドニアやトラキアで高品質ワインを造ります。
3. ケークフランコシュ…ハンガリーの代表赤品種
4. バガ…ポルトガルのバイラーダでエレガントな赤ワインを造ります。
5. ピノ・ノワール…スイスでも広く栽培されている品種で、ガメイとブレンドされることがあります。
6. アルバリーニョ…スペインのリアス・バイシャスで有名です。ポルトガルではヴィーニョ・ヴェルデで栽培され、高品質ワインとなります。
7. パレリャーダ…マカベオ、チャレロ、パレリャーダが伝統的なカバの品種です。
8. グリューナー・ヴェルトリーナー…オーストリアで最も栽培量の多い品種です。

9. ドイツ、その他のヨーロッパワイン　解答

1 （ア）I.　（イ）C.　（ウ）P.　（エ）B.　（オ）F.　（カ）J.　（キ）K.　（ク）M.　（ケ）Q.　（コ）R.
　（サ）N.

2 2.

3 1.（D）　2.（A）　3.（F）　4.（E）　5.（B）　6.（H）

4 ①イ　②シ　③エ　④ス　⑤ウ　⑥サ　⑦コ　⑧カ　⑨オ　⑩ケ　⑪ク　⑫ア　⑬キ　⑭タ　⑮ソ　⑯チ　⑰テ
　⑱セ　⑲ツ

5 1.（E）　2.（D）　3.（B）　4.（A）　5.（C）

6 （ア）4.　（イ）5.

7 1.（G）　2.（H）　3.（C）　4.（E）　5.（A）

8 1.（C）　2.（E）　3.（B）　4.（A）　5.（D）

9 （ア）アウスレーゼ　（イ）アイスヴァイン　（ウ）シュトローヴァイン　（エ）アウスブルッフ

10 1.（カ）　2.（ア）　3.（オ）（イ）　4.（ウ）（エ）

11 2. 4. 5. 8（順不同）

12 ①松脂を加えて風味付けをしたギリシャの伝統的なフレーヴァードワイン　②サヴァティアーノ

13 1.（F）　2.（E）　3.（G）　4.（D）　5.（C）　6.（A）
　7.（H）　8.（B）

10. ニューワールドと日本のワイン

① ニューワールドにワイン産業が伝わったのは新大陸発見に起因します。次はその伝承経路の図です。①～④に当てはまる国名を選びなさい。

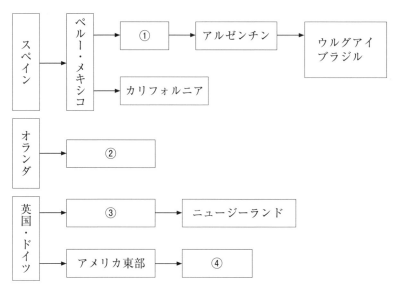

（A）オーストラリア　（B）南アフリカ　（C）チリ　（D）カナダ東部

② 次はカリフォルニア州とオーストラリアワインのラベルです。ラベルを見て表示に関する規定の問いに答えなさい。

①

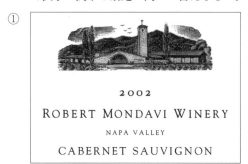

②

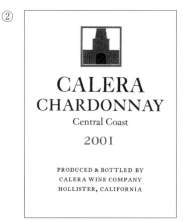

③

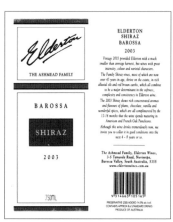

① 1500年代、レコンキスタ（国土回復運動）後、国力が回復したスペインは、ニューワールドへ強い興味を示し、アメリカ大陸を発見しました。一方、オランダは喜望峰からアジアへと海路を開拓しました。その後、英国、ドイツ人の移民によってオーストラリアへとワイン産業は広がりました。（WB→203p）

② カリフォルニア州の規定は非常に複雑です。また、アメリカ合衆国では州によってもラベル表示の基準が異なります。まず、カリフォルニア州のラベル表示を覚えてから、ワシントン州、オレゴン州との違いを理解し、次いで、オーストラリア、チリ、アルゼンチン、南アフリカと覚えるようにしましょう。（WB→125p、126～128p、141p）

1．①のカリフォルニアのラベルに書かれているAVAの産地名を書きなさい。また、このAVAのぶどうを（A　　　）％以上使わなければならない。

2．①のカリフォルニアのラベルでは記載されているぶどう品種のCabernet Sauvignonを（B　　　）％以上含んでいなくてはならない。

3．②の産地名はCentral Coastであるが、これは（ア）AVA名、（イ）カウンティ名のどちらか。

4．②のラベルにはProduced & Bottled byと書かれているが、その規定の説明として正しいものを次の中から選びなさい。

（ア）Calera Wine Companyが75％以上のワインを醸造・瓶詰めした。
（イ）Calera Wine Companyが100％、自社所有の畑のぶどうを原料とし、醸造・瓶詰めをした。

5．①と②のラベルで書かれているヴィンテージのワインは表示された収穫年のぶどうを（C　　　）％以上含んでいなければならない。

6．③のオーストラリアワインのラベルに書かれている、ぶどう品種名を答えなさい。

7．オーストラリアのラベル表記規定では、品種名、産地名、収穫年ともに、表記されている（D　　　）％以上でなければならない。

8．③のオーストラリアワインの産地はどの州にあるか。州名を答えなさい。

3 **次はカリフォルニア、オーストラリア、南アフリカのワイン産業変革についての文章です。（　　）に当てはまる言葉、数字を選びなさい。**

1．カリフォルニアワインの歴史は今から約（ア　　　）年前、その当時メキシコを植民地としていた（イ　　　）の宣教師（ウ　　　）によって始まった。最初の品種は（エ　　　）と呼ばれるもので最近まで主にフォーティファイドワインの原料として広く栽培されていた。その後、（オ　　　）がヨーロッパから多種のぶどう苗木を輸入し、ゴールドラッシュが始まった1849年頃からワイン産業が活発となり、（カ　　　）や（キ　　　）等その当時にスタートしたワイナリーが現在でも存在する。

（A）350　　　　　　　　（B）250
（C）スペイン　　　　　　（D）フランス
（E）ベリンジャー　　　　（F）アゴストン・ハラジー
（G）セラ神父　　　　　　（H）ミッション
（I）ブエナ・ヴィスタ

2．オーストラリアワインの産業もやはりヨーロッパの移民によって開発され、発展してきた。1788年（ア　　　）によって最初の苗木がシドニー郊外に植えられたという記録がある。その後最も古いワイン産地として知られる（イ　　　）にぶどうが栽培され、徐々にワイン産業が発展してきた。（ウ　　　）市が州都で、州別生産量が最も多い（エ　　　）州にぶどうが植えられたのはそれから約50年後のことであった。オーストラリアワインのスタートは（オ　　　）や（カ　　　）を使ったアルコールの強い（キ　　　）であ

3　ニューワールドで品質の良いワインが造られるようになった背景を理解して頂けましたでしょうか。ワインの特徴を知るには、その歴史を知ることが大切です。なぜ、カリフォルニアにはヨーロッパ系品種しか無いのか、どうして、急にカリフォルニアワインが注目されるようになったのか等をこの設問で理解してください。キリスト教のなかでも最も厳格なピューリタンが多いことが日本では考えられない禁酒令の制定となりました。全てのワインに「飲酒の弊害」を注意する説明文を記載することが義務付けられています。
1．（WB→126p）
2．（WB→140〜144p）

ったが、醸造技術の発展と消費者の嗜好の変化によって、今では
（ク　　）が主流となっている。

(A) バロッサ・ヴァレー　　　(B) ハンター・ヴァレー
(C) アーサー・フィリップ大佐　(D) 85
(E) アデレード　　　　　　　(F) 35
(G) 20　　　　　　　　　　(H) ヴィクトリア
(I) 南オーストラリア　　　　(J) フォーティファイドワイン
(K) スティルワイン　　　　　(L) 蒸留酒
(M) マスカット　　　　　　　(N) シラーズ

3．南アフリカでは、オランダの東インド会社が、喜望峰近くの（ア　　）に
おいて（イ　　）年にワインを造ったのが始まりであった。その後はフラ
ンスの宗教弾圧から逃れた（ウ　　）教徒によって、また、（エ　　）年に
は南アフリカワイン醸造者協同組合（KWV）が設立されワイン産業が
広まった。

(A) 1659　　　　　　　　　(B) 1759
(C) 1918　　　　　　　　　(D) 1973
(E) コンスタンシア　　　　　(F) ケープタウン
(G) ユグノー

3．南アフリカはヨーロッパ
船のアジアへの寄港地とし
て大切な位置にあり、船舶
への積み荷のひとつとして
あるいは、船員の滞在中の
飲料としてワイン造りが始
まりました。その後もヨー
ロッパと深い関わりあいを
持ち続けています。
（WB→155p）

4 　次の説明に当てはまる、ぶどう品種名を選びなさい。

1．カリフォルニア州独自の品種で、原種はイタリア・プーリア州のプリミテ
ィーヴォである。

2．ロバート・モンダヴィ氏によって使われるようになった品種名でソーヴィ
ニョン・ブランの別名。

3．アメリカで交配された品種でミュスカデルが交配原種のひとつである。

4．カリフォルニア州で最初に使われた品種。スペインのキリスト教伝道師に
よって伝わった。

5．オーストラリアで最も生産量が多い品種で、フランスではセリーヌと呼ば
れることもある。

6．アルゼンチンでは赤品種としてマルベックが有名であるが、同じくアルゼ
ンチンで成功したスペインが原産の白品種。

7．南アフリカで育種された品種で、ピノ・ノワールとサンソーの交配種。

8．南アフリカ白品種の代表でシュナン・ブランの別名。

9．カナダのアイスワインに使われる品種で、ユニ・ブランとセイベル4986の
交配種。

10．ニューヨーク州の寒冷地に向いた赤品種でフレンチ・ハイブリッドのひと
つ。

4 　カリフォルニアの栽培品
種で、この20年ほどで著し
く増加した品種はカベル
ネ・ソーヴィニョン、メル
ロ、シラー、ピノ・ノワー
ル、サンジョヴェーゼ、シ
ャルドネ、ヴィオニエ、減
少した品種はリースリング、
カリニャンです。その他に
もカリフォルニアで開発さ
れた交配種や、独自の品種
ジンファンデル等がありま
す。オーストラリアは赤の
シラーズ、ニュージーラン
ドはソーヴィニョン・ブラ
ン、チリはカルメネール、
アルゼンチンはマルベック
とトロンテス、南アフリカ
は交配種のピノタージュが
有名です。

（A）ジンファンデル　　　（B）ピノタージュ
（C）ミッション　　　　　（D）フュメ・ブラン
（E）バコ・ノワール　　　（F）エメラルド・リースリング
（G）シラーズ　　　　　　（H）トロンテス
（I）ヴィダル　　　　　　（J）スティーン

5　次はカリフォルニア州のワインについての記述です。正しい文章を4つ選びなさい。

1．アメリカでは温度測定に華氏が使われている。摂氏10℃は華氏50℉である。

2．1920年から1933年の禁酒法によりワイン産業が崩壊した。

3．ワイン醸造において、補糖も補酸も禁止されている。

4．カリフォルニアではフィロキセラの被害は受けていない。

5．1850年代のゴールドラッシュの影響で、カリフォルニアの人口が増加、大陸横断鉄道の開通により東海岸へのワイン供給が可能となり、ワイン産業が発展した。

6．カリフォルニア州のナパ・ヴァレーは太平洋に面し、涼しい産地である。

7．カリフォルニア州のワイン産地は太平洋近くが涼しく、内陸部に入るに従って高温地帯になる。

6　カリフォルニアのワイン産地は、大きく5地域に分かれています。次の文章に該当するワイン産地を、（A）～（E）より選びなさい。

1．カリフォルニアで最も主要なワイン産地で、ナパ郡、ソノマ郡、レイク郡、メンドシーノ郡等が含まれる。

2．サンフランシスコ南部から太平洋岸に沿って、サンタ・バーバラまでの地域である。太平洋の冷たい霧や海流の影響を受ける海沿いの地域と、内陸の乾燥した温暖な地域がある。

3．海岸山脈とシエラ・ネヴァダ山脈の間にある広大で肥沃な内陸の産地。原料ぶどうの多くが生産されている。

4．シエラ・ネヴァダ山脈の西側の斜面に点在する産地。主要なぶどう品種は、ジンファンデル、カベルネ・ソーヴィニヨン、シラーである。

5．ロサンゼルスやサン・ディエゴなどのカウンティがある産地。北部カリフォルニアより長いワイン造りの歴史を持つが、現在では農業地の市街化とピアス病の被害に脅かされている。

（A）サウス・コースト　　　（B）シエラ・フットヒルズ
（C）セントラル・ヴァレー　（D）セントラル・コースト
（E）ノース・コースト

5　禁酒法が廃止になった1933年、衰退していたワイン産業の復興が始まりました。カリフォルニア州は、太平洋の冷涼な空気が直接影響する産地は涼しく、高品質なワインが造られます。川や谷間を通る冷涼な空気は局地気候（マイクロ・クライメット）を形成します。（WB→126p）
1．華氏＝℉、摂氏＝℃
$$℃ = (℉-32) \times \frac{5}{9}$$

6　カリフォルニア州の5つのワイン産地の位置を、ワインブックの地図で確認しておきましょう。（WB→128p）

⑦ 次のAVAが属するカリフォルニアのワイン産地名を、（A）～（E）より選びなさい。

  1．エル・ドラド
  2．ソノマ・コースト
  3．リヴァーサイド
  4．ナパ・ヴァレー
  5．パソ・ロブレス
  6．モントレー
  7．ロディ

（A）サウス・コースト　　　　（B）シエラ・フットヒルズ
（C）セントラル・ヴァレー　　（D）セントラル・コースト
（E）ノース・コースト

⑧ カリフォルニアのワイン産地の地形に関する文章です。（　　）に該当するものを選びなさい。（重複可）

1．ナパ・ヴァレーは、西側を（ア　　　）山脈、東側を（イ　　　）山脈、北西を（ウ　　　）山に囲まれ、南端は（エ　　　）湾に面している。その独特な地形のために、南から吹き込んでくる冷たい海風と霧が、ワイン産地に影響を与えている。

2．ソノマ・カウンティは、西を太平洋岸に沿った（ア　　　）山脈、南を（イ　　　）湾、東を（ウ　　　）山脈に囲まれているため、特に太平洋岸と南部は冷たい海からの影響を強く受ける産地が多い。

（A）ヴァカ　　　　　　　　（B）海岸
（C）サン・パブロ　　　　　（D）セント・ヘレナ
（E）マヤカマス

⑦ AVAは全米でも約200あり、カリフォルニア州だけでも100以上あります。カリフォルニアのAVAについては、主要なAVAを5地域に分け覚えてください。（WB→129～134p）

⑧ カリフォルニアの主要な産地は、ナパ・カウンティとソノマ・カウンティで、有名なワイナリーが多く集まっています。地形や気候が、栽培される品種や生産されるワインに大きな影響を与えます。（WB→129～131p）

⑨ 次のカリフォルニアのAVA指定栽培地域名が、ソノマ郡ならば（ソ）、ナパ郡ならば（ナ）、ソノマとナパにまたがってある場合は（×）を書きなさい。

1．オークヴィル
2．ロス・カーネロス
3．アレキサンダー・ヴァレー
4．スタッグス・リープ・ディストリクト
5．ロシアン・リヴァー・ヴァレー
6．ラザフォード
7．ドライ・クリーク・ヴァレー
8．セント・ヘレナ
9．ナイツ・ヴァレー
10．マウント・ヴィーダー

⑩ 次の1～4のAVAの特徴に合う文章を【A欄】より選びなさい。また、その位置を地図から選びなさい。

1．ピュージェット・サウンド
2．ウィラメット・ヴァレー
3．ワラ・ワラ・ヴァレー
4．ヤキマ・ヴァレー

【A欄】
a．2つの州をまたぐAVA。カベルネ・ソーヴィニョンの他、様々な品種が栽培されている。
b．アメリカを代表する良質のピノ・ノワールを産出している、面積の広いAVA。
c．歴史の古いAVAで、シャルドネが最も多く栽培されている。
d．シアトル近郊のAVA。海洋性気候で夏は温暖、冬は穏やか。

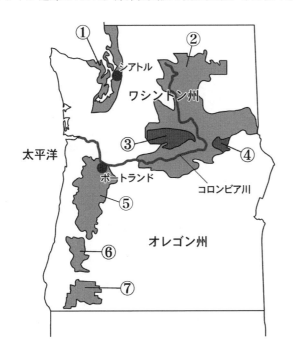

⑨ ソノマ郡の特に太平洋沿岸に近い地域及びサン・パブロ湾岸の産地は寒流の影響を受け冷涼で、シャルドネやリースリング、ピノ・ノワールで有名です。同じくナパ郡も南部のサン・パブロ湾岸は冷涼で、内陸に向かうに従い気温が高くなります。ナパの中心地、ラザフォード、オークヴィルといったAVAのある地域は、温暖で夜間と早朝は霧の影響を強く受けます。
（WB→129～131p）

⑩ カリフォルニア州に比べると生産量の少ない、ワシントン州、オレゴン州、ニューヨーク州ですが、それぞれ特徴のあるワインが造られています。特にオレゴン州のピノ・ノワールは世界的に知られています。
（WB→135～137p）

■主要産地と特徴
ワシントン州
・コロンビア・ヴァレーとワラ・ワラ・ヴァレー…内陸性、オレゴン州にまたがり、最大の産地。
・ピュージェット・サウンド…海洋性気候で涼しく、白ワインに適している。
オレゴン州
・ウィラメット・ヴァレー…ピノ・ノワールで有名。海洋性気候。
・ローグ・ヴァレー…涼しく、ピノ・グリが造られている。海洋性気候。

11 次はニューヨーク州のワインについての文章です。正しい場合は（○）を、誤っている場合は（×）を書きなさい。

1. ニューヨーク州では17世紀中頃、イギリス人によってマンハッタン島に初めてぶどうが植えられた。

2. 黒ぶどうのコンコードと白ぶどうのナイアガラは、ヴィティス・ラブルスカに属し、フォクシー・フレーヴァーズと呼ばれる独特の甘い香りを持っている。

3. フィンガー・レイクスAVAは、大西洋を流れる海流の影響で、穏やかな海洋性気候である。1970年代からワイン造りが始まった比較的新しい産地で、ヴィニフェラ系品種が植えられている。

4. ニューヨーク州の内陸部は冷涼で特に冬の寒さは厳しいが、ロング・アイランドAVAなど大きな湖の近くの産地は、やや寒さが和らげられている。1850年代にはラブルスカ系品種が栽培され、その後交配種が植えられ、近年ではヴィニフェラ系品種が植えられている。

12 次のカナダのワインに関する文章で（　）に該当する言葉を書きなさい。

1. カナダのワイン生産地は西海岸の（1　　　）州と東海岸の（2　　　）州に分かれている。

2. カナダのオンタリオ州には特定栽培地域（3　　　）が計3地区指定されている。

3. カナダはアイスワインの生産が盛んで、特に（4　　　）から造られたアイスワインの評価が高い。（4　　　）は（5　　　）×（6　　　）の交配種である。

4. カナダで最初にワイン造りが始まったのは19世紀の初めで、（7　　　）州においてである。

5. カナダのワイン法で州名を表示する場合は、（8　　　）％州内で収穫されたぶどうで、かつその州で認定されたぶどうを使用しなければならない。

13 オーストラリアで栽培されているぶどう品種について答えなさい。

1. 栽培面積が最大の白品種を選びなさい。
　（A）シャルドネ　（B）マルサンヌ　（C）リースリング

2. 栽培面積が最大の赤品種を選びなさい。
　（A）カベルネ・フラン　（B）シラーズ　（C）メルロ

14 次のオースラリアの州を地図の①～⑥から選びなさい。またその州の説明文を【A欄】から選びなさい。

　1．ヴィクトリア州
　2．西オーストラリア州
　3．南オーストラリア州
　4．タスマニア州

11 ニューヨーク州のワイン産地は、大西洋岸のロング・アイランドからペンシルヴァニア州との境界まで、東西約800kmに及びます。17世紀中頃オランダ人によってマンハッタン島に初めてぶどうが植えられました。（WB→137p）

■主要産地と特徴
ニューヨーク州
・ロング・アイランド…マンハッタンから東の大西洋に延びる島。海洋性気候。比較的新しい産地。
・フィンガー・レイクス…オンタリオ湖に近い州中央部にある。1850年代からの歴史ある産地。

12 カナダのワイン生産地は、西海岸と東海岸に分かれています。東海岸のオンタリオ州ではアイスワインの生産が盛んで、西海岸のブリティッシュ・コロンビア州では主にヨーロッパ系品種からワイン造りが行われています。カナダのワイン法としてVQA制度があり、アメリカのAVAに相当するDVA／GI（特定栽培地域）が、オンタリオ州に3地区、ブリティッシュ・コロンビア州に9地区が指定されています。（WB→138～139p）

13 白品種と赤品種合わせて最も栽培面積が広いのは、シラーズ、次いでシャルドネです。
■白品種：シャルドネ、ソーヴィニョン・ブラン、セミヨン
■赤品種：シラーズ、カベルネ・ソーヴィニヨン、メルロ
（WB→141p）

14 オーストラリアは6つの州とその他の特別地域に区分されます。ワイン産地は、世界で6番目に広い国土の南半分の南緯31～43度の間に帯状に分布し、東西3000km超に渡ってあります。広大な国土に点在するワイン産地は、様々な土壌

5．ニュー・サウス・ウェールズ州

【A欄】

(ア)　州都はパース。ワイン生産量はオーストラリア全体のわずか3％に過ぎないが、トップクラスの高品質なワインを生産している。

(イ)　1930年代後半に最初の移民が入植し、現在はオーストラリアワイン生産量の約50％を占めている。世界で最も古いぶどうの樹が現存している。

(ウ)　ブテック・ワイナリーの多い産地。1860年代は「英国民のぶどう畑」として知られていた。冷涼産地の特徴を生かしたワイン造りが行われている。

(エ)　オーストラリアワイン発祥の地。シドニーから日帰りでワイナリー訪問できるワイン産地として人気がある。

(オ)　州都はホバート、冷涼な気候で、ピノ・ノワール、シャルドネの重要な生産拠点になりつつある。

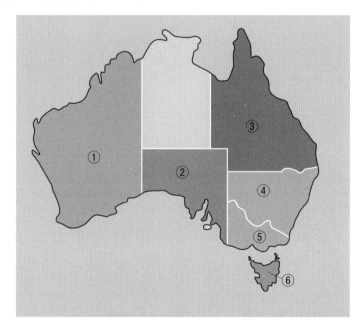

15　次はオーストラリアのワイン産地の説明である。当てはまる産地名を【A欄】から、また、この産地がある州名を【B欄】から選びなさい。（重複可）

1．ボルドー地方に似た海洋性気候で、カベルネ・ソーヴィニョンに向いたテラ・ロッサ土壌がある。

2．州都パースの南部に1960年代に誕生したインド洋に突き出た産地で海からの影響を強く受ける、冷涼な産地。カベルネ・ソーヴィニョンやシャルドネから高品質なワインが造られている。

3．冷涼な気候の島で、ピノ・ノワールやシャルドネからのスパークリングで有名。

4．1800年代にさかのぼる古い産地。"グランジュ"発祥地として知られている。シラーズが多い。

特性をもち、異なる気候区分に分かれ、多様性のあるワインを生み出しています。
（WB→142～145p）

■オーストラリアの州別栽培面積
1位：南オーストラリア州
2位：ニュー・サウス・ウェールズ州
3位：ヴィクトリア州
4位：西オーストラリア州
5位：タスマニア州
6位：クイーンズランド州

15　オーストラリアのGIは現在60を超え、これからも増えると思われます。代表的な産地名は州名と一緒に覚えるようにしましょう。広大な国ですので、シラーズやカベルネ・ソーヴィニョンはもとより、標高の高い場所、南の涼しい海岸沿いではピノ・ノワールやシャルドネの生産が増えています。徐々に暖かい産地から涼しい産地へと広がっています。
（WB→142～145p）

■オーストラリアの主要産地
南オーストラリア州
・バロッサ・ヴァレー
・クレア・ヴァレー
・イーデン・ヴァレー
・マクラーレン・ヴェール
・クナワラ
ニュー・サウス・ウェールズ州
・ハンター
ヴィクトリア州
・ゴールバーン・ヴァレー
・ジロング
・ヤラ・ヴァレー
・モーニングトン・ペニンシュラ
西オーストラリア州
・マーガレット・リヴァー
・グレート・サザン
タスマニア州
・タスマニア

5．州都メルボルン近くの産地でブティック・ワイナリーが多く、ピノ・ノワールで有名になった。シャンパーニュ大手のモエ・エ・シャンドンのワイナリーがある。

6．マレー川沿いのオーストラリア最大のワイン産地。カスク入ワインとバルクワインの産地。

7．大手メーカーが集まるワイン生産の拠点。1842年ドイツからの宗教移民によってワイン造りが始まった。シラーズは勿論、高地ではリースリングが造られている。

8．州都アデレード近郊の標高の高い場所で、ピノ・ノワールやシャルドネが造られている。

9．この地区を流れる川の名前が付いた産地で、オーストラリアワイン産業発祥の地である。

10．バロッサ・ヴァレー近くで、大陸性気候であるが涼しく、リースリングの産地。

【A欄】
（A）クレア・ヴァレー　（B）マーガレット・リヴァー
（C）リヴァーランド　（D）ヤラ・ヴァレー　（E）タスマニア
（F）バロッサ・ヴァレー　（G）クナワラ　（H）ハンター
（I）モーニントン・ペニンシュラ　（J）スワン・ディストリクト
（K）マクラーレン・ヴェイル　（L）アデレード・ヒルズ

【B欄】
（ア）タスマニア州
（イ）ヴィクトリア州
（ウ）ニュー・サウス・ウェールズ州
（エ）南オーストラリア州
（オ）西オーストラリア州

16　次のニュージーランドのワインに関する文章で（　　）に該当する言葉や数字を書きなさい。

1．（　　）世紀初頭、シドニーから派遣されたイギリス人神父によって、ニュージーランドに初めてワイン用ぶどう樹が植えられた。

2．ニュージーランドの白ぶどうで最も栽培面積が多いのは（A　　　　）、黒ぶどうで最も栽培面積が多いのは（B　　　　）である。

3．ニュージーランドのワイン法で、品種名、収穫年、産地名をラベルに表記する場合、品種は（A　　　）％以上、収穫年は（B　　　　）％以上、産地は（C　　　　）％以上のぶどうを使用規定としている。

4．ニュージーランドでは、99％以上のワインが（　　　　）栓を使用している。

16　ニュージーランドを代表する品種といえばソーヴィニョン・ブランで、栽培面積の6割程度を占めています。近年はその気候特性を生かして、ピノ・ノワールにも注力しています。ラベル表記は2007年ヴィンテージから85％ルールが適用されています。(WB→146p)

17 次のニュージーランドのワイン産地の地図上の位置を選びなさい。
　　また、その産地の説明文を【A欄】より選びなさい。

　　1．セントラル・オタゴ
　　2．ホークス・ベイ
　　3．ワイララパ
　　4．マールボロ
　　5．ギズボーン

【A欄】
　　ア　ニュージーランドで商業目的のワイン生産が始まった産地
　　イ　サブリージョンのマーティンボロは良質のピノ・ノワールで有名
　　ウ　ソーヴィニヨン・ブランが国際的に有名な産地
　　エ　ニュージーランドのシャルドネの首都と称される世界最東端の産地
　　オ　カベルネ・ソーヴィニヨン、カベルネ・フラン、メルロからボルドー
　　　　スタイルのワインが造られている産地
　　カ　冷涼な気候から、ニュージーランドを代表する上質なピノ・ノワール
　　　　が造られている産地

18 チリのワインに関する問いに該当する答えを書きなさい。

1．国の四方を太平洋、アタカマ砂漠、アンデス山脈、南氷洋と厳しい自然環
　　境に囲まれていることで、ある病害から逃れている。それは何か。

2．長い間メルロと思われていたが、1980年代に特定された品種は何か。

3．北部で造られているぶどうの蒸留酒は何か。

4．カサブランカ・ヴァレーに近い、太平洋に面した産地で、冷涼な気候から
　　シャルドネやピノ・ノワールが注目されているのはどこか。産地名を書き
　　なさい。

5．セントラル・ヴァレーのサブ・リージョン4つを北から順に書きなさい。

6．チリにおけるぶどうの栽培面積が最も大きい品種は何か。

7．チリのワイン法で、「原産地呼称」の略称は何というか、アルファベット

17　ニュージーランドは、近
　年最も注目されている産地
　といっても過言ではないで
　しょう。きっかけとなった
　のは、マールボロ地区のソー
　ヴィニヨン・ブランです。
　「一日の中に四季がある」
　と言われるほど昼夜の気温
　差があり、ぶどう栽培に適
　した気候です。
　（WB→147p）

18　チリワインの特徴として
　まず挙げられるのが、フィ
　ロキセラ害がないというこ
　とです。1998年の赤ワイン
　ブームの立役者だったチリ
　ワインですが、以降低価格
　ワインのイメージからなか
　なか抜け出せずにいました。
　近年、量から質への転換に
　成功してチリワインは様々
　なコンペティション等で高
　評価を受けています。
　（WB→148〜151p）

で答えなさい。

8．1979年にクリコ・ヴァレーにワイナリーを設立し、ステンレスタンクやオーク樽などを導入し、チリに近代醸造技術を紹介した人物は誰か。

9．チリは典型的な（　　）気候である。（　　）にあてはまる気候区分を答えなさい。

10．チリ最大のワイン産地といわれている地区を答えなさい。

⑲　チリでは2011年に従来の原産地呼称に加えて、3つの新しい原産地呼称が付記できるようになりました。次の新しい原産地呼称にあてはまるものを地図の①〜③から選びなさい。

1．アンデス
2．コスタ
3．エントレ・コルディレラス

⑲　これまで北から南に向かって行政区に沿って区分されていた産地を、気候やテロワールに沿って区分したほうがその土地の特徴をとらえやすいということで、新しい原産地呼称表示が採用されました。(WB→149p)

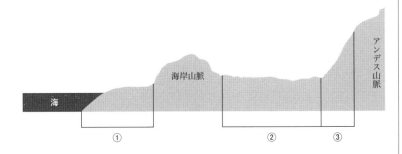

⑳　チリのワイン産地の中で、【A欄】のサブ・リジョンが属する地域（リジョン）を【B欄】から選びなさい。（重複可）

【A欄】
1．イタタ・ヴァレー
2．エルキ・ヴァレー
3．カサブランカ・ヴァレー
4．サン・アントニオ・ヴァレー
5．マイポ・ヴァレー

【B欄】
（ア）コキンボ
（イ）アコンカグア
（ウ）セントラル・ヴァレー
（エ）サウス

⑳　チリは太平洋に沿って南北約5,000kmに及ぶ細長い国ですが、ワイン産地はその国土の中間部、南緯27〜40度までの約1,400kmに主にあります。ワイン産地は、北部（アタカマ、コキンボ、アコンカグア）、中央部（セントラル・ヴァレー）、南部（サウス、アウストラル）の3地域に大きく分けられます。(WB→150〜151p)

㉑　アルゼンチンのワインに関する問いに該当する答えを書きなさい。

1．アルゼンチン独特の白品種で、ラ・リオハ州での栽培が盛んな品種名を書きなさい。

2．赤品種で栽培面積が最も大きいものを書きなさい。

㉑　アルゼンチンの生産地はアンデス山脈の裾野に広がり、標高が300〜3,000mと高いのが特徴です。アルゼンチンを代表する品種は、マルベックとトロンテスです。(WB→152〜154p)

3．ワイン生産量が最も大きく、ワインの中枢である州はどこか。

4．DOと呼ばれる原産地呼称制度があり、現在2地区が認定されている。2地区の産地名を書きなさい。

5．アンデス山脈の影響が大きく、太平洋からの湿った空気は、チリを超えると乾燥した暖かい風となる。この風は何と呼ばれるか。

6．「アルゼンチンでは、アンデス山脈の裾野の高地にほとんどのぶどう畑が広がっている。」この文章は正しいか。

7．アルゼンチンのぶどう栽培の始まりは、スペイン人宣教師が（　　）世紀半ばにサンティアゴ・デル・エステロ郊外にぶどうの木を植え付けたとされている。（　　）にあてはまる数字を答えなさい。

8．アルゼンチンのラベル表記規定では、品種名は表示された品種のぶどうを（　　）％以上含まれていなければならない。（　　）にあてはまる数字を答えなさい。

22　**南アフリカのワインに関する説明文から、正しい文章を2つ選びなさい。**

1．瓶内二次発酵で造られるスパークリングワインにはメトード・クラシックの表示がなされている。

2．原産地呼称制度のワイン・オブ・オリジン（WO）がある。

3．ワイン発祥の地であり冷涼で南アフリカとしては雨量が多い産地はステレンボッシュである。

4．ワインのラベルに品種名が書かれている場合はその品種を85％以上使用していなければならない。

5．ワイン産地の中心に位置するワインの集積地は、南アフリカ最大の都市、ヨハニスブルグである。

23　**次の南アフリカワインに関する問いに該当する番号を選びなさい。**

1．2018年、南アフリカで栽培面積最大の白ぶどう品種を選びなさい。
①ソーヴィニョン・ブラン　②シャルドネ　③シュナン・ブラン

2．2018年、南アフリカで栽培面積最大の黒ぶどう品種を選びなさい。
①カベルネ・ソーヴィニョン　②シラー　③ピノタージュ

3．1918年に結成された南アフリカワイン醸造者共同組合連合の略称を選びなさい。
①KWV　②IPW　③WOSA

22　南アフリカは1659年からワインが造られている、ニューワールドの中ではワインの歴史の古い国です。品質的にも優れており、1973年にワイン法が制定されています。

1．1685年、フランスの宗教弾圧から逃れたユグノー教徒によってスパークリングワインの製造が始まりました。瓶内二次発酵で造られたワインにはキャップ・クラシックと表示があります。

2．代表的なWOは、ロバートソン、ウスター、ステレンボッシュ、パール、コンスタンシア。

3．ステレンボッシュはブティック・ワイナリーが多く、高級ワインの生産地ですが、発祥の地はコンスタンシアです。

4．ラベル表示（産地名WO：100％、品種名：85％以上、ヴィンテージ：85％以上）

5．ワイン産地の中心都市は大西洋に面したケープタウンです。（WB→155～158p）

23
1．南アフリカの白ぶどうの栽培面積は、1位シュナン・ブラン（スティーン）、2位コロンバール、3位ソーヴィニョン・ブラン。

2．黒ぶどうの栽培面積は、1位カベルネ・ソーヴィニョン、2位シラー（シラーズ）、3位ピノタージュ。

3．KWVは、ぶどう栽培農家に安定した収入を確保するため、生産過剰の是正と出荷調整のために発足されました。

4．2010年に制定されたサスティナビリティ認証保証シールを選びなさい。

5．ナポレオンがセント・ヘレナ島に届けさせ、流刑の身の孤独を癒したと言われている南アフリカワインの産地を選びなさい。

　　①ステレンボッシュ　②コンスタンシア　③パール

24　南アフリカでのワイン生産量の9割が西ケープ州に集中しています。西ケープ州の①～⑤の地域（リジョン）名を【A欄】から、またその地域を説明している文章を【B欄】から選びなさい。

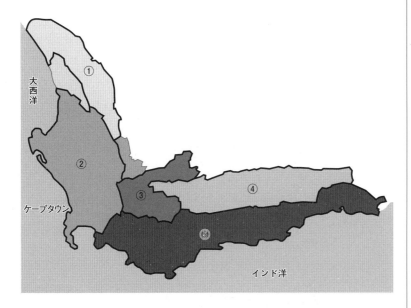

【A欄】
　（ア）オリファンツ・リヴァー
　（イ）クレイン・カルー
　（ウ）ケープ・サウス・コースト
　（エ）コースタル・リジョン
　（オ）ブレード・リヴァー・ヴァレー

【B欄】
　（A）南アフリカワイン生産の中心地。海からの冷涼な風と日照に恵まれた穏やかな海洋性気候である。品種はヨーロッパの伝統品種が主で、ステレンボッシュ、パール、フランシュックなどの地区がある。
　（B）肥沃なブレード川沿いに広がる地域で、世界最大規模を誇るブランデー蒸留所があり、ブランデーの一大産地となっている。
　（C）冷涼な気候という特徴を生かして、ピノ・ノワールやシャルドネな

4．南アフリカのワイン産地は、その9割がユネスコ自然遺産に認定されている「ケープ植物保護地域群」の中にあり、自然環境保護とワイン産業の共存が図られています。

5．コンスタンシアの甘口デザートワインは、18世紀後半にフィロキセラでぶどう畑が全滅し途絶えていましたが、1980年後半からミュスカ・ド・フロンティニャンの栽培が始められ、伝説のワインが復活しました。
（WB→155、158p）

24　南アフリカのワイン法は、ワイン産地をGeographical Unit（GU、ジオグラフィカル・ユニット、州域）、Region（リジョン、地域）、District（ディストリクト、地区）、Ward（ウォード、小地区）と細分化して規定しています。ワイン生産の中心地である西ケープ州には、【A欄】の5つのRegionと、酒精強化ワインに用いられるボーバーグを合わせて、6つのRegionが制定されています。
（WB→157～158p）

どに取り組むブティックワイナリーが多く、良質なワイン産地として期待されている。

(D) 年間降水量が少なく非常に乾燥した地域だが、そのおかげで有機栽培が可能となった。マスカット種を使った甘口ワインで成功したが、最近はソーヴィニヨン・ブランやピノ・ノワールの栽培も増えている。

(E) オリファンツ川沿いに広がる比較的温暖な地域。ぶどう栽培は大西洋の影響を受けた北部で多く行われている。オリファンツ川の南には柑橘類を生産するシトラスダル・ヴァレー地区がある。

25 **次の日本のワインに関する文章で、正しいものには○を、記述が一部誤っているものには、誤っている箇所の正しい答えを書きなさい。**

1. 日本における、国産ぶどうを使ったワインの生産量が多い県は、1位山梨県、2位長野県、3位山形県の順である。

2. 日本ワインの発展に大きく寄与した、岩の原葡萄園の創始者川上善兵衛は、いくつかの交配種を育種している。マスカット・ベーリーA、ブラック・クィーン、ヤマ・ソービニオン等を創出した。

3. 日本ではアメリカ系品種もワイン醸造用として用いられている。白品種ではナイアガラ、デラウェア、コンコード、赤品種ではキャンベル・アーリー等からワインが造られている。

4. 長野県は、県単位での原産地呼称制度を他県に先駆けて導入する等、品質向上への取り組みが積極的になされている。

5. 山梨県でのぶどう栽培面積の多い品種は、甲州、次いでカベルネ・ソーヴィニョンである。

6. ワイナリー数は山梨県が最も多く、全ワイナリーの約1／3が山梨県にある。

7. 国内製造ワインには、輸入ぶどうや輸入ぶどう果汁を原料としたものも含まれる。

8. 長野県の桔梗ヶ原では、内陸盆地で雨量も少なく乾燥した土地柄から、良質のぶどうが作られている。

26 **次の日本のワインに関する文章で、（　）に当てはまる言葉や数字を選びなさい。**

1. 日本のワイン造りの始まりは（　）時代初期である。
①明治　②大正　③昭和

2. 甲州は（A　）年に、マスカット・ベーリーAは（B　）年にOIV（国際ぶどう・ぶどう酒機構）でワイン用ぶどう品種として登録された。
①2008　②2010　③2012　④2013

3. 2013年国税庁により指定されたぶどう酒の地理的表示（GI）第1号は（A　）である。2018年に（B　）が2番目のGIとして認定された。

---

25 ここ数年の日本ワインの品質向上は著しく、ぶどう栽培からワイン醸造にいたるまで、さまざまな取り組みがなされています。

1. 国産ぶどうによるワイン生産量の上位3県は、山梨県、長野県、北海道の順です。

2. ヤマ・ソービニオンは山梨大学で開発された品種で、比較的新しい交配種です。川上善兵衛が交配した品種は、マスカット・ベーリーA、ブラック・クィーン、ローズ・シオタ等があります。

3. 北米系品種はジュースの原料としてなじみがありますが、ワインも造られています。コンコードは黒ぶどうです。

4. 原産地呼称制度にいちはやく取り組んでいるのは、長野県です。2003年から認定審査が開始されました。

5. 山梨県を代表する品種はやはり甲州ですが、次いで黒ぶどうのマスカット・ベーリーAも広く栽培されています。カベルネ・ソーヴィニョン等の欧州系品種の栽培面積も多くなっています。
（WB→159～165p）

①北海道　②長野　③山形　④山梨

4. 東洋系ぶどう品種である甲州の果皮は、（　　　）である。
　　①淡い緑色　②琥珀がかった黄色　③やや薄い藤紫色

5. マスカット・ベーリーAは、ベリーと（　　　）を掛け合わせた交配種である。
　　①マスカット・オブ・アレキサンドリア　②マスカット・ハンブルク
　　③マスカット・ゴールド・ブランコ

6. 日本で栽培されているヨーロッパ系品種の中で、赤ワイン用品種では
　　（A　　　）が最も多く、白ワイン用品種では（B　　　）が最も多い。
　　①メルロ　②カベルネ・ソーヴィニョン　③ツヴァイゲルトレーベ
　　④シャルドネ　⑤ケルナー　⑥ミュラー＝トゥルガウ

7. 日本で自生する野生ぶどうはヤマブドウという総称で呼ばれることが多い。
　　北海道を除く日本のヤマブドウは（　　　）に属する。
　　①ヴィティス・ヴィニフェラ　②ヴィティス・ラブルスカ
　　③ヴィティス・コアニティ

8. （　　　）は日本一のデラウェアの産地である。
　　①北海道　②山形県　③山梨県　④長野県

9. 山梨県のワイン造りの中心となる甲府盆地の中で、最もワイナリーが多い
　　地区は（　　　）である。
　　①大和　②塩山　③勝沼

10. 「日本ワイン」以外の「その他日本製造ワイン」の表ラベルの表記に関する説明で正しいものは（　　　）である。
　　①ぶどうの生産地は表記できないが、ぶどう品種名やヴィンテージは表記できる。

　　②ぶどうの生産地とぶどう品種名は表記できるが、ヴィンテージは表記できない。

　　③ぶどうの生産地、ぶどう品種、ヴィンテージのいずれも表記できない。

26

1. 1870年代に山田宥教（ひろのり）と詫間憲久（のりひさ）が甲府で本格的なワイン醸造を始めました。

2. OIVに登録されると、ヨーロッパに輸出される際に、ラベルに品種名を記載できます。

3. 2013年国税庁が「山梨」をワイン産地として初めて指定しました。

4. 甲州は、最近のDNA解析により、ヴィティス・ヴィニフェラに中国の野生種ヴィティス・ダヴィーディが少し含まれていることがわかりました。

5. マスカット・ベーリーAは川上善兵衛が開発した品種の中で最も普及しており、北海道を除く本州と九州で広く栽培されています。

6. ヨーロッパ系品種の中で最も受入数量が多いのがメルロ、次いでシャルドネです（2018年国税庁国内製造ワインの概況）。メルロは明治初期に苗木が持ち込まれましたが、本格的な栽培が始まったのは、シャルドネ同様1980年代以降です。長野県塩尻市の桔梗ヶ原はメルロの産地として名高いです。

7. ヤマブドウは、粒が極端に小さく、色濃く、酸が非常に豊かで、北海道や東北地方の山間部に生息しています。

8. アメリカのオハイオ州デラウェアで発見されたため、その名が付けられました。日本には明治初期に伝来しました。

9. 甲府盆地は、①東部　②中央部　③北西部　④西部の4地域に分けられます。最もワイナリーが多いのが東部地域の甲州市です。

10. 海外の輸入原料を使用し日本で製造したワインには、産地名・ぶどう品種名・ヴィンテージを表ラベルに表記できません。
　　（WB→159〜165p）

27 次は日本のワイン生産地についての記述です。特徴に合う県名を書きなさい。

1．日本ワインの父と称される川上善兵衛が開設したワイナリーがある。マスカット・ベーリーＡが有名で、その他リースリング、シャルドネ、ピノ・ノワール等からワインが造られている。

2．山ぶどう、交配育種、またドイツ系品種等からのワイン醸造が行われている。

3．ぶどう収穫量第一位で、日本のワインの中心。甲州種が主体で様々なタイプのワインが造られている。

4．もともと果物栽培が盛んで、北米系品種からのワインが多く生産されていた。近年はヨーロッパ系のぶどう品種も多く栽培されている。

5．伝統的に北米系品種が多く栽培されていたが、秀逸なメルロ、シャルドネ等で注目されている。原産地呼称制度を日本で初めて取り入れた。

27 日本のワイン生産は主に、山梨県、長野県、山形県、北海道、新潟県です。
　ワイン醸造用の主要品種は、川上善兵衛が開発したマスカット・ベーリーＡ、日本固有の甲州、その他メルロ、シャルドネ等のヨーロッパ系品種です。(WB→162～165p)

10. ニューワールドと日本のワイン　解答

1 ① (C)　② (B)　③ (A)　④ (D)

2 1. AVA名：ナパ・ヴァレー、(A) 85　2. (B) 75　3. (ア)　4. (ア)　5. (C) 95　6. シラーズ　7. (D) 85
　8. 南オーストラリア州（またはサウス・オーストラリア州）

3 1. (ア) (B)　(イ) (C)　(ウ) (G)　(エ) (H)　(オ) (F) (カ) (E)　(キ) (I)　(カ、キは順不同)
　2. (ア) (C)　(イ) (B)　(ウ) (E)　(エ) (I)　(オ) (M) (カ) (N)　(キ) (J)　(ク) (K)　(オ、カは順不同)
　3. (ア) (E)　(イ) (A)　(ウ) (G)　(エ) (C)

4 1. (A)　2. (D)　3. (F)　4. (C)　5. (G)　6. (H)　7. (B)　8. (J)　9. (I)　10. (E)

5 1. 2. 5. 7.（順不同）

6 1. (E)　2. (D)　3. (C)　4. (B)　5. (A)

7 1. (B)　2. (E)　3. (A)　4. (E)　5. (D)　6. (D)　7. (C)

8 1. (ア) (E)　(イ) (A)　(ウ) (D)　(エ) (C)　2. (ア) (B)　(イ) (C)　(ウ) (E)

9 1. (ナ)　2. (×)　3. (ソ)　4. (ナ)　5. (ソ)　6. (ナ)　7. (ソ)　8. (ナ)　9. (ソ)　10. (ナ)

10 1. d. ①　2. b. ⑤　3. a. ④　4. c. ③

11 1. ×　2. ○　3. ×　4. ×

12 1. ブリティッシュ・コロンビア　2. オンタリオ　3. DVA　4. ヴィダル　5. ユニ・ブラン　6. セイベル4986
　7. オンタリオ　8. 100

13 1. (A)　2. (B)

14 1. ⑤ (ウ)　2. ① (ア)　3. ② (イ)　4. ⑥ (オ)　5. ④ (エ)

15 1. (G) (エ)　2. (B) (オ)　3. (E) (ア)　4. (K) (エ)　5. (D) (イ)　6. (C) (エ)　7. (F) (エ)　8. (L) (エ)
　9. (H) (ウ)　10. (A) (エ)

16 1. 19　2. (A) ソーヴィニョン・ブラン　(B) ピノ・ノワール　3. (A) 85　(B) 85　(C) 85　4. スクリューキャップ

17 1. ⑩、カ　2. ⑤、オ　3. ⑥、イ　4. ⑦、ウ　5. ④、エ

18 1. フィロキセラ害　2. カルメネール　3. ピスコ　4. サン・アントニオ・ヴァレー、又はレイダ
　5. マイポ・ヴァレー、ラペル・ヴァレー、クリコ・ヴァレー、マウレ・ヴァレー
　6. カベルネ・ソーヴィニョン
　7. DO　8.（スペイン人の）ミケール・トーレス　9. 地中海性　10. マウレ・ヴァレー

19 1. ③　2. ①　3. ②

20 1. (エ)　2. (ア)　3. (イ)　4. (イ)　5. (ウ)

21 1. トロンテス　2. マルベック　3. メンドーサ州
　4. ルハン・デ・クージョ、サン・ラファエル（順不同）5. ゾンダ風
　6. 正しい　7. 16　8. 85

22 2. 4.（順不同）

23 1. ③ 2. ① 3. ① 4. ② 5. ②
24 ①（ア）（E） ②（エ）（A） ③（オ）（B） ④（イ）（D） ⑤（ウ）（C）
25 1. 山形県→北海道 2. ヤマ・ソーヴィニョン→ローズシオタ 3. コンコード→赤品種 4. ○
    5. カベルネ・ソーヴィニョン→マスカット・ベーリーA 6. ○ 7. ○ 8. ○
26 1. ① 2. A② B④ 3. A④ B① 4. ③ 5. ② 6. A① B④ 7. ③ 8. ② 9. ③ 10. ③
27 1. 新潟県 2. 北海道 3. 山梨県 4. 山形県 5. 長野県

11. スピリッツとリキュール

1 次はコニャック、アルマニャックの産地図である。産地名を選びなさい。

1．コニャック①～⑥
　　ア．プティット・シャンパーニュ
　　イ．ボワ・オルディネール
　　ウ．グランド・シャンパーニュ
　　エ．ファン・ボワ
　　オ．ボン・ボワ
　　カ．ボルドリ

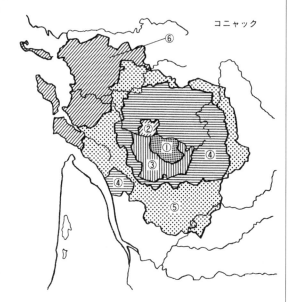

コニャック

■コニャック
・グランド・シャンパーニュ
・プティット・シャンパーニュ
・ボルドリ
・ファン・ボワ
・ボン・ボワ
・ボワ・オルディネール

2．アルマニャック⑦～⑨
　　ア．アルマニャック・テナレーズ
　　イ．オー・タルマニャック
　　ウ．バ・ザルマニャック

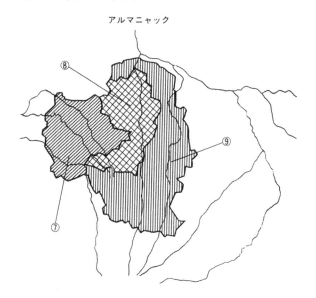

アルマニャック

■アルマニャック
・バ・ザルマニャック
・アルマニャック・テナレーズ
・オー・タルマニャック

2 コニャックの種類にフィーヌ・シャンパーニュというものがある。これについて説明しなさい。

3 次の文章で下線の部分が正しい場合は○を、誤っている場合は正しい言葉に変えなさい。

1. コニャックで使われる樽の大きさは（a）255ℓ であるが、アルマニャックでは（b）400ℓ である。

2. アルマニャックでの伝統的な蒸留方法は（c）連続式アランビックでの（d）2回蒸留である。1972年に制限付きで単式蒸留器での（e）1回蒸留が認められた。

3. アルマニャックのぶどう品種は、（f）フォル・ブランシュ（g）シャルドネ、（h）ユニ・ブランそして、（i）コロンバール等である。

4. コニャックの土質は（j）白亜質が主である。

4 次のフルーツ・ブランデーの原料の果物を下記より選びなさい。

1．キルシュ	A．洋梨	
2．ミラベル	B．黄色のスモモ	
3．ポワール・ウイリアムス	C．さくらんぼ	
4．フランボワーズ	D．紫色のスモモ	
5．クエッチェ	E．木いちご	

5 次のリキュールで、果実系リキュールには（○）、薬草・香草系リキュールには（×）を、そして、種子系リキュールには（△）を付け、【A欄】から関係のある言葉を選びなさい。

1．アマレット　2．コアントロー　3．グラン・マニエ
4．シャルトリューズ　5．ペルノー　6．ベネディクティン
7．クレーム・ド・カシス　8．ドランブイ

【A欄】
① スターアニス種子と芳香植物を配合したもの。甘草は使用しない。
② 40種類以上のハーブやスパイス。
③ アンズの核が風味の主原料。
④ ビターオレンジの果皮にコニャックを配合し、樽熟させて甘味を添加。琥珀色を呈している。
⑤ 27種（ハッカ、シナモン、コリアンダー等）の植物をアルコールに配合して蒸留し、甘みを添加する。アルコール度は40％。
⑥ 黒スグリ（カシス）のリキュール。
⑦ スコッチウィスキーにハーブや蜂蜜を配合。"満足すべきもの"の意。
⑧ ビターオレンジと甘味オレンジを中性アルコールに配合し、甘味を添加。無色透明。ロワール、アンジュ産。
⑨ 130種類以上の薬草をアルコールに配合し、熟成。甘味を添加したもの。ヴェールはアルコール度55％、ジョーヌはアルコール度40％。

2 フィーヌ・シャンパーニュはグランド・シャンパーニュを50％以上とプティット・シャンパーニュをブレンドしたコニャックです。（WB→167p）

3 1. 使われる品種、蒸留方法、樽の大きさとコニャックとアルマニャックには色々な点で差があります。
2. アルマニャックではかつては連続式の蒸留器だけが認められていました。
3. コニャックとアルマニャックで使われている主要品種はそれほど多くありません。（WB→166p）

4 主にフランスではアルザス＝ロレーヌ地方、それからスイスやドイツで多く生産されています。樽での熟成を行わない透明なスピリッツです。原料となる果物の香りが高く食後酒として楽しまれています。また、ケーキやデザートにも多く使われます。（WB→170p）
■フルーツブランデー
＝オー・ド・ヴィー・ド・フリュイ
・キルシュ
・ミラベル
・ポワール・ウィリアムス
・フランボワーズ
・クエッチェ

5 全て有名なリキュールです。名前を覚えることもさることながら、一度全てをテイスティングしてみてください。
リキュールの種類は限りなくあります。また、名前としてブランド名が使われています。（WB→171p）
■果実系
■薬草・香草系
■種子系

6 次の飲み物でスパークリングワインをベースとしたカクテルを2つ選びなさい。

1．フィーヌ・シャンパーニュ
2．キール・ロワイヤル
3．ミモザ
4．キティー
5．ラタフィア
6．カーディナル

7 次の（1）〜（6）のスピリッツに該当する説明文を①〜⑥より選びなさい。

（1）ジン
（2）ラム
（3）テキーラ
（4）グラッパ
（5）ウォッカ
（6）オー・ド・ヴィー・ド・マール

①サトウキビの搾り汁を発酵させ、蒸留したスピリッツで西インド諸島が原産地である。
②ワインの搾りかすを原料としたもので、樽熟成をしない無色透明が一般的だが、樽熟成タイプが増えている。
③メキシコの代表的スピリッツで、竜舌蘭の種類のブルー・アガベを51%以上使用し、限定された地域で造られたものだけが名乗ることができる。
④ワインの搾りかすを原料としたもので、蒸留した後、樽熟成をする。
⑤穀類やイモ類原料のスピリッツを白樺炭で濾過したもので、無色透明でクセのない風味が特徴である。
⑥穀物原料のスピリッツにボタニカル（草根木皮）を浸漬し、再度蒸留したもので、無色透明でボタニカルからの特有の香りがある。

8 次のコニャックの産地の6つの地区を品質の高い順に並べなさい。

（1）ボルドリ
（2）プティット・シャンパーニュ
（3）ボワ・オルディネール
（4）ファン・ボワ
（5）グランド・シャンパーニュ
（6）ボン・ボワ

6 1．コニャック
2．クレーム・ド・カシスとスパークリングワイン
3．オレンジジュースとスパークリングワイン
4．ジンジャエールと赤ワイン
5．VdL
6．クレーム・ド・カシスと赤ワイン

7 様々な原料からのスピリッツが世界各地で造られています。ここに挙げたスピリッツは代表的なものです。原料、特徴、主な産地がわかるようにしておきましょう。また、飲んだことがないものがあったら、試してみることも必要です。二次試験のテイスティング試験ではスピリッツも出題されることがありますので、スピリッツを知ることは二次対策にもなります。マール、グラッパはワインを造る際にでるぶどうの搾りかすを発酵、蒸留したもので、ワイン産地で広く造られています。イタリアのグラッパは樽熟成をしない無色透明で原料ぶどうの香りが強いタイプが一般的でしたが、樽で熟成したタイプも増えています。
（WB→169〜170p）

8 コニャックの産地は、ボルドー地方とヴァル・ド・ロワール地方に挟まれるように位置しています。産地の中心にシャラント川が流れ、生産の中心地コニャックの町を囲むように最高級のコニャックを生産する地区であるグランド・シャンパーニュがあります。コニャック地方の土壌は白亜質が主体で、グランド・シャンパーニュが最も石灰岩土壌が顕著です。シャラント川右岸にあるボルドリは珪土を含む粘土質土壌です。主にブレンドに使われます。
（WB→167p）

9　次のアルマニャックの産地の３つの地区を品質の高い順に並べなさい。

（１）　オー・タルマニャック

（２）　アルマニャック・テナレーズ

（３）　バ・ザルマニャック

9　アルマニャックの産地はガロンヌ川上流のガスコーニュ地方で、同地域のワイン産地には南西地区があります。３つの地区のうち砂質土壌が最も顕著なバ・ザルマニャックが最高級のアルマニャックを生産しています。（WB→167p）

11. スピリッツとリキュール　解答

1　1.　①ウ　②カ　③ア　④エ　⑤オ　⑥イ　　2.　⑦ウ　⑧ア　⑨イ

2　グランド・シャンパーニュ地区とプティット・シャンパーニュ地区のコニャックをブレンドしたもの。ただし、グランド・シャンパーニュを50％以上使用。

3　(a) 300～350ℓ　(b) ○　(c) ○　(d) 1回蒸留　(e) 2回蒸留　(f) ○　(g) ジュランソン（またはブラン・ダーム）　(h) ○　(i) ○　(j) ○

4　1.　C　2.　B　3.　A　4.　E　5.　D

5　1.△③　2.○⑧　3.○④　4.×⑨　5.×①　6.×⑤　7.○⑥　8.×⑦

6　2.　3.（順不同）

7　（１）⑥　（２）①　（３）③　（４）②　（５）⑤　（６）④

8　（５）⇒（２）⇒（１）⇒（４）⇒（６）⇒（３）

9　（３）⇒（２）⇒（１）

12. ワインと料理

1　フランスの食材とワインの相性の問題です。次の問いに答えなさい。

1．キャビアに最も合うワインを選びなさい。
　　①シャンパーニュ　②コルナス　③ジュヴレ・シャンベルタン

2．フォアグラに合いにくいワインを選びなさい。
　　①ジュランソン　②アルザス・ヴァンダンジュ・タルディヴ　③サンセール

3．牛肉のペッパーステーキに最も合うワインを選びなさい。
　　①マコン・ヴィラージュ　②カール・ド・ショーム　③モルゴン

4．牡蠣の生に合いにくいワインを選びなさい。
　　①ミュスカデ　②シャブリ　③ブルグイユ

5．チョコレートに合いにくいワインを選びなさい。
　　①バニュルス　②ラストー　③シャブリ

2　次の料理に合うワインを選びなさい。

1．Bouillabaisse（ブイヤベース）は地方料理なので同じ産地のワインを合わせる。
　　a．フロントネ
　　b．カシス
　　c．バローロ

2．Agneau de Lait（乳飲み仔羊）にはカベルネ・ソーヴィニョン主体のワインを合わせる。
　　a．ポイヤック
　　b．サン・ニコラ・ド・ブルグイユ
　　c．コルトン

3．Coq au Vin（雄鶏の赤ワイン煮）に地元のワインを合わせる。
　　a．ジュヴレ・シャンベルタン
　　b．ジゴンダス
　　c．サント・クロワ・デュ・モン

4．Crottin de Chavignol（山羊乳チーズ）と辛口白ワインの相性を楽しむ。
　　a．サンセール
　　b．イランシー
　　c．モンバジャック

5．Choucroute（塩漬けキャベツと豚肉の蒸し煮）に果実味豊かな酸のすっきりとした白ワインを合わせる。
　　a．コルトン・シャルルマーニュ
　　b．アルザス・リースリング
　　c．コリウール

【解説】

1　料理とワインの組み合わせの問題を解くカギはワインの①産地、②色のタイプ、③甘辛が解るかどうかです。料理は①地方、②食材を理解することです。
2．フォアグラには甘口のワイン
4．生牡蠣には辛口の酸の強いワイン
5．チョコレートにはVDNやコニャック、ポートを合わせます。

2　「地方料理とワイン」は基本的な組合せの問題です。
1．プロヴァンス地方の有名な料理で、魚や貝、甲殻類を使ったスープ仕立ての煮込み料理
2．仔羊の強い脂肪には、タンニンのしっかりしたカベルネ・ソーヴィニョン種の赤ワインが合います。
3．コック・オー・ヴァンは、ブルゴーニュ地方の郷土料理。
4．山羊はヴァル・ド・ロワール地方で多く飼育されています。酸があるので、辛口白ワインと合います。
5．アルザス地方、ドイツの代表的な地方料理です。豚肉やソーセージ等を一緒に煮込みます。
（WB→172〜174、175〜176p）

③ フランスの地方料理にはその地方のワインを合わせるのが基本です。次の
料理と関係の深いワイン産地を選びなさい。(重複可)

1. ハムとパセリのゼリー寄せ
2. コック・オー・ヴァン・ジョーヌ
3. ラタトゥイユ
4. 八つ目ウナギの赤ワイン煮
5. コンフィ・ド・カナール
6. キッシュ・ロレーヌ
7. リエット・ド・トゥール
8. カスレ
9. アニョー・ド・レ
10. ブッフ・ブルギニョン

(あ) 南西地方　(い) ラングドック=ルーション　(う) プロヴァンス
(え) ヴァレ・デュ・ローヌ　(お) ブルゴーニュ　(か) アルザス
(き) ジュラ　(く) サヴォワ　(け) シャンパーニュ
(こ) ヴァル・ド・ロワール　(さ) ボルドー

④ イタリアの地方料理には地方や都市の名前が付いた「○○風」が頻出する。
1〜6を日本語にするとどのように訳されるかを【A欄】から、また、そ
の都市がある州名を【B欄】より選びなさい。

1. Veneziana　2. Fiorentino　3. Romana　4. Padovana
5. Milanese　6. Bolognese

【A欄】

⑦ミラノ風　④ヴェニス風　⑦ボローニャ風　④ローマ風　⑦パドヴァ風
⑦ジェノバ風　⑦フィレンツェ風

【B欄】

ⓐピエモンテ州　ⓑロンバルディア州　ⓒラツィオ州
ⓓトスカーナ州　ⓔヴェネト州　ⓕエミリア=ロマーニャ州
ⓖシチリア州　ⓗリグーリア州

③ ワインの産地にはそれぞ
れワインに合った地方料理
があります。実際に食べて
みると分かりますが、とり
あえず覚えるより方法はあ
りません。料理の本やイン
ターネットでどのような料
理かを調べてみるのも良い
でしょう。
1. ブルゴーニュの代表的な
田舎料理です。
2. ヴァン・ジョーヌで煮込
んだ鶏肉料理。
3. プロヴァンス地方の野菜
の蒸し煮。
4. ジロンドはウナギの産地
です。
5. 鴨を低温のラードで揚げ
てつくる保存食。
6. チーズとベーコンのパイ。
7. 豚肉を白ワインで煮込み、
コンビーフ状にします。
8. 白いんげん豆とベーコン、
ソーセージ等の煮込み料理。
9. 仔羊はボルドー地方ポイ
ヤックの産。
10. 牛肉をワインで煮込んだ
ブルゴーニュの家庭料理。
(WB→172〜173p)

④ イタリアの地方料理でも
特にワインとかかわりの
深い産地をあげてみまし
た。これらの都市がどの州
にあるかが解るとワインを
選びやすくなります。⑦
ミラノ(ロンバルディア
州)④ヴェニス(ヴェネト
州)⑦ボローニャ(エミリ
ア=ロマーニャ州)④ロー
マ(ラツィオ州)⑦パドヴ
ァ(ヴェネト州)⑦ジェノ
バ(リグーリア州)⑦フィ
レンツェ(トスカーナ州)
を一緒に覚えてください。
(WB→173〜174p)

5 イタリアンレストランで料理をオーダーしたお客様にメニューごとにワインやリキュール、スピリッツを組み合わせるとして、それぞれ最も適したものを選びなさい。

1．食前酒
    a．ヴェルモット
    b．グラッパ
    c．サンブーカ

2．オードブル　パルマ産生ハム　メロン添え
    a．カルミニャーノ
    b．ランブルスコ・ディ・ソルバーラ
    c．アスティ

3．パスタ　タリアテッレ・アッラ・ボロニェーゼ
    a．ガヴィ
    b．ヴェルナッチャ・ディ・サンジミニャーノ
    c．ロマーニャ（R）

4．魚料理　鱈のクリームソース
    a．ソアーヴェ
    b．レチョート・ディ・ソアーヴェ
    c．フランチャコルタ

5．肉料理　サルティンボッカ
    a．バローロ
    b．トルジャーノ・ロッソ
    c．フラスカーティ

6．食後酒
    a．カンパリ
    b．グラッパ
    c．シェリー・フィノ

5 イタリア料理は基本的に地方料理ですので、どの地方の料理かとその地方で産出されるワインを関連付けて覚えてください。
1．フレーヴァードワインのヴェルモットはイタリアの食前酒として定番です。
2．生ハムには白の辛口、微発泡性白ワインを合わせるのが一般的です。また、パルマはエミリア・ロマーニャ州の都市名ですので、同じ州産のランブルスコ・ディ・ソルバーラを合わせます。
3．タリアテッレ・アッラ・ボロニェーゼは平打ち麺のミートソースです。ボロニェーゼとは「ボローニア風」という意味です。ボローニアはエミリア・ロマーニャ州の都市名ですので、同じ州産のサンジョヴェーゼで造られるロマーニャ（DOC）を合わせます。
4．鱈のクリームソース（バッカラ・マンティカート）はヴェネト州の地方料理です。ソアーヴェと合わせます。
5．サルティンボッカ（仔牛、生ハムの重ね焼きセージ風味）はローマの地方料理です。フラスカーティと合わせます。
6．グラッパはイタリアの食後酒の定番です。
（WB→169、173～174p）

6　次のチーズのタイプを選びなさい。（重複可）

1．ヌーシャテル
2．ゴルゴンゾーラ
3．サント・モール・ド・トゥーレーヌ
4．コンテ
5．マンステール
6．ロックフォール
7．ルブロション
8．パルミジャーノ・レッジャーノ

（ア）白カビ　（イ）青カビ　（ウ）ウォッシュ
（エ）圧搾　（オ）シェーヴル（山羊）

6　チーズには、基本的に同じ産地のワインを合わせます。また、塩味の強い青カビチーズには甘口ワインが良く合います。

・牛乳が原料の白カビタイプは柔らかくクリーミーです。

・牛乳が原料の圧搾（セミハードまたはハードタイプ）は山岳地帯で多く造られます。ナッツ系の香りがあるコンテが代表。

・牛乳が原料のウォッシュタイプは風味が強いので、シャブリ・グラン・クリュやムルソー等しっかりとした上級白ワインや熟成したブルゴーニュの赤ワインが合います。

・山羊乳が原料のシェーヴルタイプは酸味が強く、ロワールの白ワインに合わせます。表面に灰をまぶし酸を和らげたチーズもあります。

・羊乳や牛乳が原料の青カビタイプは塩分が強いのが多く、甘口白ワインを合わせることができます。
（WB→175～176p）

12. ワインと料理　解答

1　1.①　　2.③　　3.③　　4.③　　5.③
2　1. b　　2. a　　3. a　　4. a　　5. b
3　1.（お）　2.（き）　3.（う）　4.（さ）　5.（あ）　6.（か）　7.（こ）　8.（い）　9.（さ）　10.（お）
4　1.⑦e　2.⑦d　3.⑦c　4.⑦e　5.⑦b　6.⑦f
5　1. a　　2. b　　3. c　　4. a　　5. c　　6. b
6　1.（ア）　　2.（イ）　　3.（オ）　　4.（エ）　　5.（ウ）　　6.（イ）　　7.（エ）　　8.（エ）

13. ワインのサービスと管理、ワインのテイスティング方法

1 ワインを保存するときの理想的な条件について（A）と（B）に当てはまる数字を選びなさい。

1．温度は年間を通して変化のないほうが良い。その温度は（A）程度である。

2．コルクは乾かないようにすることが必要で、湿度は（B）程度が理想的である。また、横に寝かせて保管することも忘れてはならない。

（ア）5℃〜8℃　（イ）8℃〜11℃　（ウ）12℃〜15℃
（エ）45%〜50%　（オ）70%〜75%

2 次の中から空気接触の効果として正しいものを選びなさい。

1．還元による影響が弱まる
2．第1アロマが下がる
3．第2アロマが上がる
4．複雑性が強まる
5．渋みが心地良い印象になる

3 次はシャンパーニュとボルドーのボトルのサイズの一部です。空欄を埋めなさい。

容量	シャンパーニュの名称	ボルドーの名称
1／4本	キャール	————
1本　750㎖	ブティユ	ブティユ
2本	1	1
4本	ジェロボアム	2
8本	3	アンペリアル
12本	4	無
20本	5	無

（あ）バルタザール
（い）サルマナザール
（う）ナビュコドノゾール
（え）マグナム
（お）ジェロボアム
（か）ドゥブル・マグナム
（き）マチュザレム

【解説】

1　理想的な保存条件
・温度は年間を通して12℃〜15℃
・湿度は年間を通して70%〜75%
・光と振動と異臭のある場所を避ける
・エアコン等によるコルクの乾燥に注意
・表ラベルを上向きにし、横に寝かせて保管する。
（WB→179p）

2　デカンタージュは熟成によって生じた澱を取り除く目的の他、若く強いワインを空気にふれさせて飲みやすくする目的でも行われます。（WB→180p）

3　シャンパーニュではお祝い事に使うために大きなボトルが用意されています。このボトルで瓶内二次発酵を行います。ボルドーと名称が異なる箇所がありますので気を付けて覚えてください。（WB→180p）

4 **原価の計算方法について、次の問いに答えなさい。**

1．原価率を35％とし、ワインを15,000円で売りたい。いくらで仕入れればよいかを答えなさい。

2．2,800円で仕入れたワインの原価率を40％とし、売値を付ける場合の価格を答えなさい。

5 **日本でワインを輸入する場合、輸入業者は販売するワインのボトルステッカーに10項目の表示義務がある。次の中で必要のないものはどれか選びなさい。**

1．品名（「果実酒」または「甘味果実酒」）
2．AOP名
3．輸入業者名
4．輸入業者住所
5．プラマーク
6．未成年者禁酒表示
7．ワインの生産国
8．添加物
9．輸出業者名
10．輸出業者住所
11．アルコール度数
12．引取先
13．原料のぶどう品種名

6 **次の（　　）に当てはまる数字を入れなさい。**

1リットル（ℓ）＝（ア　　）cc（mℓ）
1トノー＝（イ　　）ℓ＝（ウ　　）本
1エーカー≒（エ　　）m×（オ　　）m
1ヘクトリットル（hℓ）＝（カ　　）ℓ

7 **次のワインの色、香り、味わいに関する説明で、誤っている文章を選びなさい。**

1．若い赤ワインは紫が強く、熟成するに従って、ガーネット色、オレンジ色、煉瓦色と変わり、色調は薄くなる。

2．ディスクとはグラスに注がれた時のワインの液体の面で、照りや、輝きを判断する。

3．ミネラル分はワインのタンニンのことでボルドー等の長熟の赤ワインに強く感じる。

4．ブショネと呼ばれる劣化ワインはカビが原因で起きる。これをなるべく防ぐため、スクリューキャップのワインが増えている。

---

4 仕入れ値、原価率、売価はワインの販売の基本的な計算です。

$$仕入れ値＝売価×\frac{原価率（\%）}{100}$$

5 ワインのボトルネックや裏ラベル等に必ず記載されています。ワインに何か問題が発生した際に、どこが責任をもつのかを明記したものです。各業者ではラベルのこの表示義務の他、味のタイプや生産者、醸造法等についての情報を載せています。（WB→178p）

■**添加物の規制値**
二酸化硫黄（SO_2）
　0.35g/kg未満
ソルビン酸
　0.2g/kg以下

6 トノーとは、ボルドー地方の樽、バリック（225ℓ）4樽分を意味するボルドー地方での取引単位で、実際に900ℓの樽があるわけではありません。ワインの統計数字はヘクトリットル（hℓ）が使われますので、1hℓ＝100ℓを覚えておいてください。（WB→180p）

7 1．ワインの熟成による色の変化は、赤＜紫を帯びたルビー→ガーネット→褐色→マホガニーで徐々に薄くなる＞、白＜レモンイエロー→黄色→琥珀色で徐々に濃くなる＞と変わります。
2．ディスクは、アルコールのヴォリューム、グリセリンの量を観測する。
3．ミネラルは土壌が起因となることが多く、石灰、塩分、鉄分等です。ワインに

5．第二のアロームとは、ぶどう品種由来の香りである。

6．ワインは熟成すると、たばこ、なめし革等のブーケが多くなり、複雑な香りが支配する。

7．後味に残るフレーヴァー（風味）を余韻と言い、余韻の長さもワインの楽しみのひとつである。

8．ロウブとはワインの色調を指す。

⑧ 次の（1）〜（5）のワインの輸入価格条件に該当する説明文を①〜⑤より選びなさい。

（1）EXW（＝Ex Works）
（2）FCA（＝Free Carrier）
（3）FOB（＝Free On Board）
（4）C&F（＝Cost & Freight）
（5）CIF（＝Cost, Insurance and Freignt）

①運賃保険料込価格のことで、ワイン原価に到着港までのすべての費用及び保険料を合算した価格。
②輸出港本船積込渡価格のことで、ワイン原価に船積港で指定の船舶に物品を積み込むまでの費用を含んだ価格。
③蔵出し価格で、ワイン原価だけの取引価格。
④輸出港本船舷側渡価格のことで、ワイン原価に船積港までの陸送運賃を含んだ価格。船積みの積み込み費用は含まれない。
⑤海上運賃込価格のことで、ワイン原価に海上輸送費を含む指定輸入港までの費用一切が入るが、海上保険は含まれていない。

複雑さを与えます。
5．第一のアロームは、ぶどう品種由来が香り、第二のアロームは発酵段階で生まれる香り、ブーケ（第三のアローム）は熟成中に現われる香りです。
（WB→181〜182p）

⑧ ワインの輸入と流通に関する専門用語は、そういった業務に携わる方以外は難しいと思いますが、用語を理解することでワインの価格がどのように決まるのかが理解できるようになります。FOBが貿易で一般的に採用されている価格条件ですが、輸入元（買主）と輸出元（売主）との間で取り決めがなされます。例えば、エクス・セラー（蔵出し価格）での取引とした場合、輸出元のセラーから先の陸送、船積み、海上輸送、保険等の手配は全て輸入元がすることになります。逆に、CIF（運賃保険料込価格）での取引とした場合、輸入元はそれらの手配の必要はありません。
（WB→177p）

13．ワインのサービスと管理、ワインのテイスティング方法　解答
① A．（ウ）　B．（オ）
② 1．4．5．（順不同）
③ 1．（え）　2．（か）　3．（き）　4．（い）　5．（う）
④ 1．5,250円　2．7,000円
⑤ 2．9．10．13．（順不同）
⑥ （ア）1000　（イ）900　（ウ）1200　（エ）64　（オ）64　（カ）100
⑦ 2．3．5．（順不同）
⑧ （1）③　（2）④　（3）②　（4）⑤　（5）①

14. 基礎編　まとめ練習問題　Ⅰ

[1] 次のなかから、スパークリングワインの製法が瓶内二次発酵でないものを選びなさい。

   1．Asti   3．Franciacorta

   2．Cava   4．Champagne

[2] 次のぶどうに含まれる有機酸のなかから、原料ぶどうに由来するものを1つ選びなさい。

   1．酢酸   3．乳酸

   2．コハク酸   4．リンゴ酸

[3] 次の説明に合う品種を選びなさい。

「ボルドー地方で多く栽培されている白品種で、ボトリティス・シネレア菌の作用によって造られる甘口の白ワインが有名」

   1．Chardonnay   3．Gamay

   2．Syrah   4．Sémillon

[4] 次のなかから、フランスのワイン産地のなかで、最も北に位置するものを選びなさい。

   1．Bourgogne   3．Alsace-Lorraine

   2．Champagne   4．Jura

[5] 次のボルドー地方のAOPのなかから、造られているワインのタイプ（色や甘辛）が違うものを選びなさい。

   1．Barsac   3．St-Émilion

   2．Haut-Médoc   4．Fronsac

[6] 次のボルドー地方のAOPのなかから、ドルドーニュ川右岸にあるものを選びなさい。

   1．St-Émilion   4．Haut-Médoc

   2．Graves   5．Sauternes

   3．Entre-Deux-Mers

[7] 1855年のメドックの格付けで、1973年、2級から1級に変更になったシャトーがひとつだけあります。次のなかから選びなさい。

   1．Ch. Lafite-Rothschild   4．Ch. Margaux

   2．Ch. Latour   5．Ch. Haut Brion

   3．Ch. Mouton-Rothschild

8 次のなかから、1855年のメドック地区の格付けの２級以外のものを選びなさい。

1．Ch. Calon-Ségur   4．Ch. Ducru-Beaucaillou
2．Ch. Lascombes   5．Ch. Pichon-Longueville Comtesse de Lalande
3．Ch. Cos d'Estournel

9 次のグラーヴ地区のシャトーのなかから、赤、白いずれも格付けされているものを選びなさい。

1．Ch. Haut-Brion   3．Ch. Couhins
2．Ch. de Fieuzal   4．Ch. Carbonnieux

10 次のなかから、Merlotの品種比率が最も高いシャトーを選びなさい。

1．Ch. Rieussec   3．Ch. Palmer
2．Ch. Lascombes   4．Ch. Pétrus

11 次のなかから、ブルゴーニュ地方のぶどう品種でないものを選びなさい。

1．Chardonnay   3．Pinot Noir
2．Chenin Blanc   4．Aligoté

12 次のシャブリ地区に関する記述のなかから、誤っているものを選びなさい。

1．特級畑にはBougros、Vaudésir、Le Clos、Grenouilles、Valmur、Blanchot、Les Preusesの７つの畑が
   ある。

2．土壌は、石灰質に貝の化石が混じったキメリジャンといわれる地層である。

3．４つのAOPは、下から、Chablis、Petit Chablis、Chablis Premier Cru、Chablis Grand Cru の順で品質
   が高くなる。

4．使用されるぶどう品種はChardonnayだけである。

13 ブルゴーニュ地方最大の名醸地、コート・ドールは２つの地区に分かれます。次のなかから、Côte de
   Nuits地区でないものを選びなさい。

1．Vosne-Romanée   3．Vougeot
2．Gevrey-Chambertin   4．Pommard

14 次のなかから、ブルゴーニュ地方のグラン・クリュ「Clos de Tart」のある村を選びなさい。

1．Morey-St-Denis   3．Nuits-St-Georges
2．Beaune   4．Gevrey-Chambertin

15 次のグランクリュのなかから、Chassagne-Montrachet村にだけあるものを選びなさい。

1．Montrachet   4．Bienvenues-Bâtard-Montrachet
2．Chevalier-Montrachet   5．Criots-Bâtard-Montrachet
3．Bâtard-Montrachet

16 次のなかから、AOPで許されている品種が、他とは違うものを選びない。

   1．Gevrey-Chambertin   3．Clos de Vougeot
   2．Pommard   4．Corton-Charlemagne

17 次のなかから、ブルゴーニュ地方のAOPでないものをひとつ選びなさい。

   1．Bouzeron   3．Mâcon
   2．Pouilly Fumé   4．Pouilly-Fuissé

18 ボジョレ地区には10のCru du BeaujolaisがあるCru du BeaujolaisのAOPで許されているタイプを選びなさい。

   1．赤・白・ロゼ   2．赤と白   3．赤のみ   4．赤とロゼ

19 次のなかから、プリムールの販売が許可されていないAOPを選びなさい。

   1．Bourgogne   3．Côtes du Rhône
   2．Bordeaux   4．Muscadet

20 次のなかから、シャンパーニュのぶどう品種以外のものを選びなさい。

   1．Pinot Noir   3．Pinot Gris
   2．Pinot Meunier   4．Chardonnay

21 次のなかから、シャンパーニュ地方でロゼのみのスティルワインを選びなさい。

   1．Coteaux Champenois   3．Coteaux de Lyonnais
   2．Rosé d'Anjou   4．Rosé des Riceys

22 次のシャンパーニュの製造工程の用語を工程順に並べた場合、もっとも後にくるものを選びなさい。

   1．Dégorgement   3．Tirage
   2．Remuage   4．Dosage

23 次のなかからCoteaux Champenoisで認められている色のタイプを選びなさい。

   1．赤のみ   2．赤と白   3．赤、白、ロゼ   4．白とロゼ

24 次のなかから、シャンパーニュの種類でChardonnayのみから造られるものを選びなさい。

   1．Blanc de Noirs   3．Rosé Champagne
   2．Non Millésimé   4．Blanc de Blancs

25 シャンパーニュのラベル表示で、自家ぶどう栽培中心の会社の表示を選びなさい。

   1．CM   3．RM
   2．NM   4．RC

26 次のなかから「Amarone」とはどのようなワインか、選びなさい。

1. ヴェネト州で陰干ししたぶどうから造られる甘口ワイン
2. ヴェネト州で陰干ししたぶどうから造られる辛口ワイン
3. トスカーナ州で陰干しして糖度を高め醸造し、5年以上樽熟成させたワイン
4. ロンバルディア州で陰干ししたぶどうから造られる辛口ワイン

27 次のぶどう品種のなかからDOCG Taurasiの主要品種で、10年以上の長期熟成に耐えられるといわれているものを選びなさい。

1. Montepulciano
2. Aglianico
3. Nero d'Avola
4. Primitivo

28 スペインで1991年にDOCaとして認められた産地を選びなさい。

1. Priorato
2. Ribera del Duero
3. Rías Baixas
4. Rioja

29 次のなかから、シェリーを造る主要な産地である三角地帯の町にあてはまらないものを選びなさい。

1. Jerez de la Frontera
2. El Puerto de Santa María
3. San Sadurní de Noya
4. Sanlúcar de Barrameda

30 次のなかから、ポルトガルにおけるTempranilloの別名（シノニム）を選びなさい。

1. Tinta Barroca
2. Tinto Cão
3. Touriga Nacional
4. Tinta Roriz

31 次のなかから、ドイツの黒ぶどう品種で最も栽培面積が多いものを選びなさい。

1. Grauburgunder
2. Dornfelder
3. Spätburgunder
4. Schwarzriesling

32 次のなかから、オーストリアワインで「ホイリゲ」の意味を選びなさい。

1. ロゼワイン
2. 新酒
3. 甘口ワイン
4. 急斜面の畑で造られたワイン

33 トカイの主要品種を選びなさい。

1. Szürkebarát
2. Kékfrankos
3. Hárslevelű
4. Furmint

34 次の中からカリフォルニア州のNorth Coast地区に属する郡を選びなさい。

1. Santa Barbara County
2. San Benito County
3. Monterey County
4. Napa County

35 次のなかから Sonoma County の AVA を選びなさい。

1. Alexander Valley
2. Oakville
3. Santa Maria Valley
4. Rutherford

36 次のなかからアメリカのワシントン州で最初に認可された AVA を選びなさい。

1. Columbia Valley
2. Puget Sound
3. Yakima Valley
4. Willamette Valley

37 カナダ最大のワイン産地を選びなさい。

1. Okanagan Valley
2. Niagara Peninsula
3. Prince Edward County
4. Lake Erie North Shore

38 カナダのぶどう品種 Vidal は Ugni Blanc と何を交配した品種であるか選びなさい。

1. Riesling
2. Pinot Gris
3. Seibel 4986
4. Chardonnay

39 オーストラリアの New South Wales 州に位置する GI を選びなさい。

1. Margaret River
2. Barossa Valley
3. Hunter
4. Adelaide Hills

40 南オーストラリア州の Eden Valley と Clare Valley で有名な品種を選びなさい。

1. Chardonnay
2. Sauvignon Blanc
3. Sémillon
4. Riesling

41 次の記述にあてはまるオーストラリアの州名を選びなさい。
「主に Pinot Noir と Chardonnay に注力している冷涼な産地が多い。Yarra Valley は主な産地の一つである。」

1. Victoria
2. New South Wales
3. Western Australia
4. South Australia

42 ニュージーランドのワイン法で、品種名をラベルに表記する場合のぶどう使用規定を選びなさい。

1. 50％以上
2. 65％以上
3. 75％以上
4. 85％以上

43 ニュージーランド最大のワイン産地を選びなさい。

1. Central Otago
2. Marlborough
3. Gisborne
4. Hawkes Bay

44 次のなかからチリのMaule Valleyが位置する産地を選びなさい。

1．Aconcagua
2．Coquimbo
3．Central Valley
4．Atakama

45 太平洋からの湿った風はアンデス山脈を越えると乾燥した暖かい風になりますが、その風の名称を選びなさい。

1．ゾンダ風
2．フリーマントル・ドクター
3．ミストラル
4．ケープ・ドクター

46 アルゼンチンで最も栽培面積が多い品種を選びなさい。

1．Cabernet Sauvignon
2．Bonarda
3．Malbec
4．Syrah

47 次の中から南アフリカでぶどう栽培を始めた人物の名前を選びなさい。

1．アーサー・フィリップ
2．サムエル・マースデン
3．シルヴェストーレ・オチャガビア
4．ヤン・ファン・リーベック

48 南アフリカを代表する白ぶどう品種Steenのシノニム（別名）を選びなさい。

1．Sémillon
2．Chenin Blanc
3．Colombard
4．Muscat of Alexandria

49 次の中から日本で2002年から独自の原産地呼称制度を制定運用している都道府県を選びなさい。

1．北海道
2．山形県
3．山梨県
4．長野県

50 長野県塩尻市の桔梗ヶ原で栽培されている、品質的に特に優れたぶどう品種を選びなさい。

1．甲州
2．Chardonnay
3．Cabernet Sauvignon
4．Merlot

15. 基礎編　まとめ練習問題　Ⅱ

[1] 発酵中にRemontageをする理由はいくつかあります。効果のひとつとして正しいものを選びなさい。

　　1．果皮からフェノール類を抽出
　　2．ワインを清澄させる
　　3．酒石酸を取り除く
　　4．リンゴ酸が乳酸に変化し酸を和らげる

[2] 次の中から、赤ワインの醸造工程とは関係の無いものを選びなさい。

　　1．Mutage　　　　　　　　　3．Remontage
　　2．Seignée　　　　　　　　　4．Déléstage

[3] 「破砕、除梗の後、果汁が発酵する前に不純物を取り除くために澱引きをする」作業名に該当するものを選びなさい。

　　1．Soutirage　　　　　　　　3．Débourbage
　　2．Bâtonnage　　　　　　　　4．Ouillage

[4] 次の中から誤っているものを選びなさい。

　　1．Chaptalisationとは補糖を意味する。
　　2．Chaptalisationはアルコールの補強を目的に行われる。
　　3．Chaptalisationは発酵直後に行われる。
　　4．Chaptalisationは補糖を認可したジャン・アントワーヌ・シャプタルに由来している。

[5] 次のぶどう品種のなかから、ボルドー地方で認められていないものを選びなさい。

　　1．Carmenère　　　　　　　3．Auxerrois
　　2．Spätburgunder　　　　　　4．Breton

[6] 次のなかから、甘口を造るAOPを選びなさい。

　　1．Graves　　　　　　　　　3．Graves Supérieurer
　　2．Pessac-Léognan　　　　　4．Entre-Deux-Mers

[7] メドックの格付け4級で、St-Laurent村にあるシャトーを選びなさい。

　　1．Ch. Camensac　　　　　　4．Ch. La Tour Carnet
　　2．Ch. Lafon-Rochet　　　　　5．Ch. Marquis de Terme
　　3．Ch. La Lagune

8 ドルドーニュ川とガロンヌ川の間で生産される甘ロワインを選びなさい。

1．Entre-Deux-Mers 3．Cérons
2．Barsac 4．Ste-Croix-du-Mont

9 次のなかから、メドック格付けのなかで、Troisièmes Grands Crusのシャトーが最も多く含まれているコミューンを選びなさい。

1．St-Estèphe 3．St-Julien
2．Pauillac 4．Margaux

10 次のシャトーでメルロの比率が最も高いのはどれか選びなさい。

1．Ch. Haut-Brion 3．Ch. Cheval-Blanc
2．Ch. Ausone 4．Ch. Figeac

11 ポムロール地区のシャトーを選びなさい。

1．Ch. Lafleur 3．Ch. La Gaffelière
2．Ch. Pavie-Macquin 4．Ch. Rieussec

12 次の文章が表す数のなかで、一番大きいものを選びなさい。

1．メドック地区格付け5級シャトーの数
2．メドック地区格付け3級シャトーの数
3．サンテミリオン地区格付けのプルミエ・グラン・クリュ・クラッセ・シャトーAの数
4．ソーテルヌ地区でプルミエ・クリュ・シュペリュールの格付けを持つシャトーの数

13 ボルドー地方の説明で誤っているものを選びなさい。

1．ボルドー地方はローマ時代ブルディガラと呼ばれていた。
2．ボルドー地方の栽培面積は約11万haでフランスで3番目に広い産地である。
3．ボルドー地方はジロンド県とペリグー県の2県にまたがる産地である。
4．ボルドー地方は1152年から300年間イギリスの領土であった。

14 ヨンヌ県で造られるAOPワインに使用できない品種はどれか。

1．Pinot Noir 4．César
2．Chardonnay 5．Gamay
3．Sauvignon Blanc

15 Grand Cru "Clos de la Roche" が属する村を選びなさい。

1．Morey-St-Denis 3．Beaune
2．Vosne-Romanée 4．Gevrey-Chambertin

16 （A）〜（D）のAOPが北から順に並んでいるものを選びなさい。

A．Meursault   C．Monthélie
B．Pommard   D．Puligny-Montrachet

1．C→D→B→A   3．B→C→A→D
2．C→B→D→A   4．B→D→A→C

17 Côte Chalonnaise地区の村名AOPの中で白ワインだけを産するものを選びなさい。

1．Givry   3．Rully
2．Mercurey   4．Montagny

18 次のなかから、ヨンヌ県のAOPを選びなさい。

1．Irancy   4．Montagny
2．Bouzeron   5．Morgon
3．Viré-Clessé

19 次のなかから、Côte des Blancs地区にある100% Cruを選びなさい。

1．Mailly   3．Bouzy
2．Aÿ   4．Cramant

20 シャンパーニュの甘辛度の表示で、"Brut"とあった場合の残糖量の規定値を選びなさい。

1．1〜3 g/ℓ 未満   3．0〜6 g/ℓ
2．12〜17 g/ℓ   4．12 g/ℓ 未満

21 ヴァル・ド・ロワール地方のAOPで、辛口ワインを造るものを選びなさい。

1．Coteaux du Layon   3．Coulée-de-Serrant
2．Quarts-de-Chaume   4．Bonnezeaux

22 Vallée du RhôneのAOP、Hermitageの赤に混醸することが許されている品種を選びなさい。

1．Viognier   3．Clairette Blanche
2．Roussanne   4．Bourboulenc

23 次のAOPのタイプが、赤のみのものを選びなさい。

1．Corbières   4．Minervois
2．Limoux   5．Collioure
3．Fitou

24　次のベルジュラック周辺地域のAOPでSémillon、Sauvignon Blanc、Muscadelle 以外のぶどうで造られるものを選びなさい。

    1．Monbazillac   3．Rosette

    2．Pécharmant   4．Saussignac

25　【A欄】のワインの主要ぶどう品種を【B欄】の品種から選びなさい。

【A欄】

    a．Cahors   c．Pouilly-sur-Loire

    b．Château-Grillet   d．Madiran

【B欄】

    1．Viognier   4．Chenin Blanc

    2．Tannat   5．Chasselas

    3．Côt

26　次のなかから、製造工程でPasserillage が行われているものを選びなさい。

    1．Vin Jaune   3．Vins de Liqueur

    2．Vin de Paille   4．Vins Doux Naturels

27　次のAOPのなかから、プリムールとして販売が認められているタイプが白だけのものを選びなさい。

    1．Bourgogne   3．Mâcon

    2．Beaujolais Villages   4．Cabernet d'Anjou

28　次のなかから、Martinique に関係するものを選びなさい。

    1．Eaux de Vie de Cidre   3．Eaux de Vie de Fruits

    2．Marc   4．Rhum

29　次のなかからアルコール度数が最も高いものを選びなさい。

    1．Izarra Jaune   3．Chartreuse Vert

    2．Grand Marnier   4．Cointreau

30　次のドイツワイン生産地域のうち、一番南にある産地と一番北にある産地の組み合わせを選びなさい。

    1．Württemberg と Franken   3．Baden と Sacksen

    2．Baden と Saale-Unstrut   4．Baden と Franken

31　APNr（公認検査番号）の最後2桁の数字は何を表しているか。正しいものを選びなさい。

    1．ヴィンテージ   3．瓶詰め番号

    2．検査年号   4．瓶詰め人の認識番号

32 主要品種が同じものの組み合わせです。誤っているものを選びなさい。

1. Ghemme と Gattinara
2. Carmignano と Torgiano Rosso Riserva
3. Vino Nobile di Montepulciano と Montepulciano d'Abruzzo Colline Teramane
4. Valpolicella と Bardolino Classico Superiore

33 次のなかから、ピエモンテ州のワインでないものを選びなさい。

1. Blachetto d'Acqui
2. Dolcetto di Dogliani
3. Valtellina Superiore
4. Roero

34 次の品種名は同じ品種の別名です。関係の無い品種を選びなさい。

1. Chiavennasca
2. Spanna
3. Corvina
4. Nebbiolo

35 次のなかからスペイン産スパークリングワイン、Cavaの原料とならない品種を選びなさい。

1. Palomino
2. Macabeo
3. Pinot Noir
4. Parellada
5. Xarel-lo

36 Manzanilla を産出する町を選びなさい。

1. Sanlúcar de Barrameda
2. Sant Sadurni de Noia
3. Jerez de la Frontera
4. El Puerto de Santa Maria

37 次のなかから、Albariño種からの高品質な白ワインで注目の産地を選びなさい。

1. Jumilla
2. Penedés
3. Toro
4. Rías Baixas

38 1976年にカリフォルニアワインの国際的な認知度を高めるきっかけとなったブラインド・テイスティングが開催された都市を選びなさい。

1. サンフランシスコ
2. ニューヨーク
3. パリ
4. ロンドン

39 アメリカのワイン法で、「米国政府認定ぶどう栽培地域」の略称にあてはまるものを選びなさい。

1. AVA
2. DO
3. WO
4. GI

40 オレゴン州で最も栽培面積が大きい品種を選びなさい。

1. Cabernet Sauvignon
2. Sauvignon Blanc
3. Pinot Noir
4. Merlot

41 次の説明に最も良く合致するカナダのDVAを選びなさい。
「オンタリオ湖とエリー湖の間に位置する産地で、州のワイン生産量の50％以上を占めている。」

1．Prince Edward County
2．Gulf Islands
3．Niagara Peninsula
4．Lake Erie North Shore

42 次の中からオーストラリアのヴィクトリア州に属する産地を選びなさい。

1．Clear Valley
2．Swan District
3．Geelong
4．Hunter

43 次の説明文にあうオーストラリアの産地を選びなさい。

「ボルドーと似た海洋性気候で、Cabernet Sauvignonが多く植えられているTerra Rossaと呼ばれる赤土の土壌で有名な産地」

1．Coonawarra
2．Yarra Valley
3．Barossa Valley
4．Margaret River

44 次のなかからニュージーランドのGisborneにあてはまるものを選びなさい。

1．日付変更線に近接する世界最東端に位置するワイン産地
2．世界で最も南にあるワイン産地
3．ニュージーランド最大のワイン産地
4．ニュージーランドで最北のワイン産地

45 チリの気候風土に関する文章で、（　　）にあてはまる語句を選びなさい。
「チリは、北はアタカマ砂漠、南は南氷洋、東は（　　）、西は太平洋に遮られた環境にある。」

1．アペニン山脈
2．アンデス山脈
3．ピレネー山脈
4．海岸山脈

46 チリを代表する黒ぶどう品種で、長らくMerlotだと思われていた品種を選びなさい。

1．Cabernet Franc
2．Carignan
3．Malbec
4．Carmenère

47 次のアルゼンチンの生産州の中で、最も北に位置する州を選びなさい。

1．Salta
2．San Juan
3．Mendoza
4．La Rioja

48 南アフリカでMethodo Cap Classicとはどのようなワインか、選びなさい。

1．特定の古くからあるぶどう畑から造られたワイン
2．瓶内二次発酵のスパークリング・ワイン
3．指定された産地で熟成期間の長いワイン
4．収穫後ぶどうを乾燥させ糖度を高めて造られる辛口ワイン

49 2013年にOIV（国際ぶどう・ぶどう酒機構）によってワイン用ぶどう品種に登録されたものを選びなさい。

    1．マスカット・ベーリーA   3．ブラック・クイーン
    2．デラウェア   4．甲州

50 日本ワインの父と称される川上善兵衛が育種したものを選びなさい。

    1．ブラック・クィーン   3．ヤマ・ソービニオン
    2．甲州   4．巨峰

14. 基礎編　まとめ練習問題　I　解答

1	1	18	3	35	1
2	4	19	2	36	3
3	4	20	3	37	2
4	2	21	4	38	3
5	1	22	4	39	3
6	1	23	3	40	4
7	3	24	4	41	1
8	1	25	3	42	4
9	4	26	2	43	2
10	4	27	2	44	3
11	2	28	4	45	1
12	3	29	3	46	3
13	4	30	4	47	4
14	1	31	3	48	2
15	5	32	2	49	4
16	4	33	4	50	4
17	2	34	4		

15. 基礎編　まとめ練習問題　II　解答

1	1	18	1	35	1
2	1	19	4	36	1
3	3	20	4	37	4
4	3	21	3	38	3
5	2	22	2	39	1
6	3	23	3	40	3
7	4	24	2	41	3
8	4	25	a. 3　b. 1　c. 5　d. 2		
9	4	26	2	42	3
10	2	27	1	43	1
11	1	28	4	44	1
12	1	29	3	45	2
13	3	30	2	46	4
14	5	31	2	47	1
15	1	32	3	48	2
16	3	33	3	49	1
17	4	34	3	50	1

応用編

16. ワイン概論（1）

1　次のワインの古代の歴史の表を見て、（　）に当てはまる言葉や年号を【A欄】から選びなさい。

BC 2500 頃	バビロニア	ワインに関する最も古い記述が載る、（A　）が書かれた
BC 2500 頃	（B　）	ピラミッドにぶどう栽培やワイン醸造の絵が描かれた
BC 2000 頃	（C　）	クレタ島で（D　）が栄え、アンフォラやプレス器が使われた
BC 1700 頃	バビロン王国	（E　）が制定されワインの販売や飲酒に関する規定
BC 100 頃	ローマ帝国	ローマ軍の遠征により、（F　）、ゲルマン（ドイツ）、ヒスパニア（スペイン）にワイン造りが広がる
AD 200 頃	ローマ帝国	ワインの貯蔵、輸送容器として（G　）が使われるようになる
（H　）～1492年	（I　）	イスラム帝国が北アフリカ、イベリア半島まで勢力を伸ばし、ワイン産業が衰退する

【A欄】

①511　②611　③711　④エジプト　⑤ギリシャ　⑥メソポタミア　⑦エトルリア　⑧クレタ文明
⑨ミノア文明　⑩ガラス瓶　⑪木樽　⑫スペイン　⑬フランス　⑭イタリア　⑮ノアの箱舟
⑯ハムラビ法典　⑰ギルガメシュ叙事詩

2　次の文章で正しいものを2つ選びなさい。

1．ヴィンテージはぶどうが収穫された年を指し、良いヴィンテージの条件としては生育期のなかでも特に夏季は、糖分の上昇や色付きのため日射量が必要である。

2．Nouaisonとは結実のことで、開花時の天候の良いことが必要である。天候が悪いと受粉不良となる、これをフランス語ではMildiouと言う。

3．夏季の大切な作用に光合成がある。これによってぶどうに酸が蓄えられる。

4．Terroireとはワインの個性を育み、品質を向上させる大切な栽培醸造技術を指す。

5．良いヴィンテージの条件として春から夏の気候が大切で、収穫時期の気候はそれほど気にしなくてもよい。

6．開花時の天候不順による結実不良は収穫量に大きく影響する。

7．良いぶどうの生育には降雨量が大切である。冬から春にかけては雨が少なく、生育期の春から秋の期間に雨の多い地方がぶどう栽培の適地である。

8．夏季はぶどうに多くの日射量が必要なため、ぶどうの葉は少なければ少ないほど良い。

③ 次はぶどうの仕立て方の図と名称である。それぞれの仕立て方が行われている代表産地を【A欄】から、名前を【B欄】より選びなさい。

1．垣根仕立て　　　　　　　　　　　　2．株仕立て

【A欄】代表産地
　　①フランスのボルドー地方　　②ドイツの急斜面の畑　　③南フランスの石の多い伝統的な産地
【B欄】
　　⑦Gobelet　　④Trellis　　⑤Guyot

④ 次のぶどうの仕立て方に当てはまる名称を下記より選びなさい。

1．棚つくりの一つで、スペインのRias BaixasやポルトガルのVinho Verdeで行われている方法。

2．Bourgogne地方のGrand Cru畑で行われている方法。

3．Napa ValleyやSonomaで広く行われており、剪定方法はアーム状に伸びた枝蔓の両側に数個の芽を残す方法。

4．南フランス、スペインなどの乾燥地で行われている、伝統的な栽培方法。

　　（ア）Cordon　　（イ）Guyot Simple　　（ウ）Gobelet　　（エ）Pergola

⑤ 次の文章と関係の深い言葉を下記から選びなさい。

1．ぶどう樹の地上部分にある、幹・蔓・葉・果実を調整する、畑における管理技術。

2．ぶどうの生育途中の作業で、高品質なぶどうを収穫するため、房の一部を落とす。一般的にはヴェレゾンが始まった頃に行われる。

3．品種の品質を高めるために行われ、安定的な遺伝子を選別する。収量・糖度・健全性・生育力など目的に合わせて選抜が行われる。

4．フィロキセラ害やネマトーダ害からぶどうを守るために行われる。

　　（A）クローン選抜　（B）台木と接ぎ木　（C）キャノピー・マネージメント
　　（D）グリーン・ハーヴェスト

⑥ 次の（A）～（F）はぶどうの生育サイクルと畑で行われる作業の用語です。次の問いに答えなさい。

　　（A）Véraison　　　　（D）Floraison
　　（B）Débourrement　　（E）Taille
　　（C）Nouaison　　　　（F）Vendange

1. （A）Véraison （B）Débourrement （C）Nouaison （D）Floraison はぶどうの生育サイクルの用語である。春から秋にかけて生育サイクル順に並べなさい。

2. （A）Véraisonの意味を次から選びなさい。
    ①結実   ②色付き   ③ 発芽

3. （E）Taille と （F）Vendange の作業は次のうちどれか、また、どの時期に行われるか選びなさい。
    作業 ： ①剪定   ②除草   ③収穫
    時期 ： ④春   ⑤初夏   ⑥秋   ⑦冬   ⑧生育期間

7 次のぶどうの栽培に関する記述で誤っているものを２つ選びなさい。

1. 一般的にぶどうの収穫は、発芽してから100日後である。
2. 降雨量は年間500〜900mmが適当で、主に休眠期に降るのが望ましい。
3. ぶどう栽培には、やせて水はけの良い土壌で、寒暖の差が大きい気候が適している。
4. ぶどう栽培には年間平均気温10〜16℃の地域が適している。
5. グリーンハーヴェストとは、発芽期に新芽を間引く作業をいう。

8 1860年代のフィロキセラ害以降必須となった接木には、台木としてアメリカ原産品種とヨーロッパ系品種の交配種が使われている。使用されているアメリカ原産品種（属名）を２種類書きなさい。

  1. Vitis （   ）
  2. Vitis （   ）

9　次はぶどう栽培や病気についての説明である。関係する事項を【A欄】と【B欄】からそれぞれ選びなさい。

1．黒ぶどう色素が褐変し、白ぶどうは灰色に腐る。成熟期に繁殖するBotrytis cinereaが原因。

2．Phylloxeraの変異で1983年にNapa Valleyで発見された、Phylloxera biotype-B。

3．2000年頃カリフォルニアで発生したPierce's diseaseはNapa Valleyに大きな被害をもたらし、植え替えが必要となった。

4．ぶどうの葉が外側に巻き込んでしまう症状が出て、早い時期に紅葉してしまう。ぶどうの糖度が上がらず、着色不良となる。

5．北米から1850年頃ヨーロッパに広まった病害で、若い枝やぶどう顆粒が白い粉状の胞子に覆われる。顆粒が裂け腐敗の原因となる。

6．開花時の多雨や、低温により起こる受粉不良で、収穫量に影響する。

【A欄】
㋐バクテリア　　㋑ウイルス　　㋒生理障害　　㋓害虫　　㋔カビ

【B欄】
① Mildiou　　② Pourriture Grise　　③ AXR1　　④ Oïdium
⑤ Ripe Rot　　⑥ シャープシューター　　⑦ Leaf Roll　　⑧ Coulure

10　次のぶどうの病害の対策方法を下記から選びなさい。

1．Phylloxera
2．Corky Bark
3．Ripe Rot

（a）ウイルスフリーの苗木を使う　　　　（d）ベンレートを散布する
（b）抵抗力のある台木に接木する　　　　（e）ボルドー液を散布する
（c）硫黄を含んだ農薬を散布する

11　次のぶどう品種からVitis labruscaであるものを2つ選びなさい。

1．Chasselas
2．Baco Noir
3．Concord
4．Seibel
5．Steuben

12 ぶどうの断面図を見て、次の特徴に当てはまる箇所を（ア）～（オ）から選びなさい。

1．果実からの水分蒸発を防ぐ。酵母を多く含む。

2．フェノール類を最も多く含む。

3．水分、糖分、有機酸を多く含む。

4．タンニン、苦味成分を多く含む。

5．酸を最も多く含む。

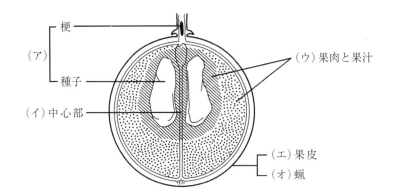

13 次のぶどうの属名と関係のある言葉や品種を下記から選びなさい。

1．Vitis vinifera

2．Vitis riparia

3．Vitis labrusca

4．Vitis coignetiae

（A）山ぶどう　　（B）Zweigelt　　（C）台木　　（D）Niagara

16. ワイン概論（1）解答

1 (A) ⑰　(B) ④　(C) ⑤　(D) ⑨　(E) ⑯　(F) ⑬　(G) ⑪　(H) ③　(I) ⑫

2 1. 6.（順不同）

3 1.①ウ　　2.③ア

4 1.（エ）　2.（イ）　3.（ア）　4.（ウ）

5 1.（C）　2.（D）　3.（A）　4.（B）

6 1.（B）－（D）－（C）－（A）　2.②　3.（E）①⑰　（F）③⑥

7 1. 5.（順不同）

8 （リパリア、ルペストリス、ベルランディエリ）のうち2つ

9 1.オ②　2.エ③　3.ア⑥　4.イ⑦　5.オ④　6.ウ⑧

10 1.（b）　2.（a）　3.（d）

11 3. 5.（順不同）

12 1.（オ）　2.（エ）　3.（ウ）　4.（ア）　5.（イ）

13 1.（B）　2.（C）　3.（D）　4.（A）

17. ワイン概論（2）

1 ワインのアルコール発酵に関する記述のなかから、正しいものを2つ選びなさい。

1. ワインのアルコール発酵を導くには、まずぶどうを糖化する必要がある。
2. ぶどうを発酵できるのは、そのぶどうを収穫した畑に生息する酵母だけである。
3. ぶどうの果汁はそのままの状態で酵母により発酵する。
4. ワインのアルコール発酵を起こす酵母はサッカロミセス・セレヴィシエである。
5. ワインはぶどうを天然の水で浸漬した後に搾汁をする。
6. アルコール発酵の化学式を示したのは、ルイ・パストゥールである。

2 【A欄】のぶどう品種は、【B欄】の国やワイン産地ではどのように呼ばれているか、品種名を【C欄】から選びなさい。

【A欄】	【B欄】	【C欄】
Chenin Blanc …………………	1. 南アフリカ	（ア）Spätburgunder
	2. ヴーヴレ	（イ）Gutedel
Ugni Blanc ……………………	3. コニャック	（ウ）Steen
	4. イタリア	（エ）Malbec
Riesling ………………………	5. カリフォルニア	（オ）Johannisberg Riesling
Cabernet Franc ………………	6. ヴァル・ド・ロワール	（カ）Breton
Côt ………………………………	7. ボルドー	（キ）Pinot Nero
	8. カオール	（ク）Grauburgunder
Pinot Noir ……………………	9. イタリア	（ケ）Pineau de la Loire
Pinot Gris ……………………	10. ドイツ	（コ）St-Emilion
Chasselas ……………………	11. ドイツ	（サ）Auxerrois
	12. ドイツ	（シ）Trebbiano

3 次のぶどう品種のシノニムまたは交配品種を【A欄】から選びなさい。

1. Spätburgunder
2. Carignan
3. Sangiovese
4. Savagnin
5. Syrah
6. Macabeo
7. Kerner
8. Pinot Blanc
9. Melon d'Arbois
10. Fume Blanc
11. Roussette
12. Dornfelder
13. Pinotage
14. Tempranillo
15. Nebbiolo
16. Melon de Bourgogne
17. Scheurebe
18. Pinot Meunier
19. Müller-Thurgau
20. Mourvèdre

【A欄】

㋐ Weissburgunder
㋑ Prugnolo Gentile
㋒ Mazuelo
㋓ Viura
㋔ Sauvignon Blanc
㋕ Muscadet
㋖ Petit Verdot
㋗ Monastrell
㋘ Cabernet Sauvignon
㋙ Altesse
㋚ Cinsaut
㋛ Chiavennasca
㋜ Cabernet Franc
㋝ Müllerrebe
㋞ Gros Noirien
㋟ Chardonnay
㋠ Merlot
㋡ Sérine
㋢ Helfensteiner × Heroldrebe
㋣ Riesling × Bukettraube
㋤ Trollinger × Riesling
㋥ Riesling × Madeleine Royale
㋦ Pinot Noir × Cinsaut
㋧ Tinto del Pais
㋨ Naturé

4 ワインのタイプについての次の文章の（a）～（r）に当てはまる言葉や数字を下記から選びなさい。

1. ワインのタイプは大きく4つに分類される。一般的なスティルワインは炭酸ガス気圧が（a　　）気圧未満のワインで、ガス圧が非常に少ない。ポルトガルの（b　　）やスペインの（c　　）もこのタイプに含まれる。

2. スパークリングワインは醸造方法によって呼称が変わる。フランスで（d　　）、イタリアでは（e　　）や（f　　）と呼ばれる瓶内二次発酵によって炭酸ガスが造られる方法と、（g　　）と呼ばれる、大きな密閉タンクで炭酸ガスを生成する方法がある。（g　　）の代表にはイタリアの（h　　）やドイツの（i　　）がある。その他、瓶内二次発酵後タンクに移し、滓引きを行う（j　　）方式もある。

3. 薬草、スパイス、果実、糖分その他で香味付けしたワインを（k　　）あるいはフレーヴァード・ワインと言い、イタリアの（l　　）、スペインの（m　　）、ギリシャの（n　　）などがある。

4．スペインのシェリーやポルトガルのポートワインに代表されるのが（o　）で、アルコールの添加によって造られる。添加するアルコールは（p　）％以上であることが義務付けられている。その他、イタリア・シチリア州で造られる（q　）やフランスの（r　）とVdLも有名である。

（ア）Méthode Traditionnelle　（イ）Vermouth　（ウ）Vinho Verde　（エ）Retsina
（オ）Spumante Classico　（カ）Asti　（キ）Cava　（ク）Méthode Charmat　（ケ）1　（コ）2
（サ）Sekt　（シ）Aromatized Wine　（ス）VDN　（セ）Chacoli de Bizkaia　（ソ）Marsala
（タ）Metodo Classico　（チ）Sangria　（ツ）40　（テ）50　（ト）Transfer　（ナ）Fortified Wine

5　ワインの成分組成の表を見て次の問いに答えなさい。

1．(1) のアルコールの種類を書きなさい。
2．(2)、(3)、(4) の有機酸名を書きなさい。
3．(5)、(6) の説明に当てはまる化学物質名を書きなさい。
4．（a）～（c）に当てはまる言葉を【A欄】から選びなさい。

主な成分	成分内容		
水分	（a）		
糖分	0.3%～15%　（b）	フルクトース（果糖）	
アルコール	8％～15%　(1)		
有機酸	ぶどう由来の酸		発酵によって生成した酸
	酒石酸		コハク酸
	リンゴ酸		(2)
	(3)		酢酸
	貴腐ぶどうから造られる貴腐ワインにはこの他に (4) とガラクチュロン酸が含まれる		
フェノール類（ポリフェノール）	色素、（c）		

(5)…酒石酸とカリウムが結合して、できる酒石酸カリウムの一般的用語で、ガラス状の結晶として沈澱する物質。
(6)…貴腐ワインに含まれる粘液酸が、熟成中に細かなさらさらとした結晶となり沈殿する物質。

【A欄】
（ア）グルコース（ぶどう糖）　（イ）蛋白　（ウ）80%～90%　（エ）高級アルコール
（オ）マグネシウム　（カ）タンニン　（キ）70%～80%

6　次はロゼワインの醸造法についての説明である。関係する言葉を下記から選びなさい。

「黒ぶどうを白ワインの醸造と同様に、マセラシオンをせずに、すぐに搾汁し、薄く色付いた果汁を発酵する直接圧搾法と呼ばれる方法がある。一般的に色は薄く、サーモンピンク色となる。」

①Vin Gris
②Blanc de Noirs
③Rotling

7　ワインの醸造に関する説明で正しい文章を5つ選びなさい。

1．白ワインの一般的なアルコール発酵温度は15〜20℃である。

2．ぶどうの果皮に含まれるアントシアニンはフェノール類の一種でワインの渋みとなる。

3．アルコール発酵の化学式は $C_6H_{12}O_6 \rightarrow C_2H_2OH + CO_2$ である。

4．アルコール発酵に欠かせない酵母の働きを発見したのはルイ・パストゥールである。

5．MLFはワインの中に含まれるリンゴ酸が乳酸に変化する現象で、誘因酵素として酵母が使われる。

6．白ワインの醸造で、搾汁した果汁をオーク樽で発酵させる方法を、Barrel Fermentationと言う。

7．赤ワインの醸造行程では発酵後プレスを行うが、白ワインは一般的にはプレスをした後に発酵させる。

8．アルコール発酵に使われる酵母はBotrytis cinereaである。

9．アルコール発酵の副産物として生成される炭酸ガスによってCavaが造られる。

10．MLFは一塩基酸が二塩基酸となり、酸がまろやかになる。その過程で炭酸ガスが生成される。

8　ワインの醸造に関する説明文を読み、この説明に関係のある語句を下記から選びなさい。

1．EU内の規定によって、補糖はアルコールを補強する目的で行われる。補糖は発酵前に行なわれ、国によりその制限量は異なる。

2．赤ワインの発酵途中、炭酸ガスによって液上にくる果帽（果皮や果肉）を液中に循環させる作業の目的は、酸素供給と糖分・酵母菌・温度の平均化である。

3．オーク樽熟成中のワインは木目からの蒸発によって目減りし、樽に空気の層ができ、酸化の原因となる。この酸化防止のために行われる補充作業。

（A）Chaptalisation　　（B）Bâtonnage　　（C）Soutirage　　（D）Remontage　　（E）Ouillage

9 **次は特殊な醸造方法を説明している。設問に答えなさい。**

1. 破砕の後、ぶどうの果皮を分離せず低温で数時間から数日間浸漬することによって、色素の抽出を促進し、タンニンがソフトになる効果がある。赤ワインに使われる醸造方法の名前を答えなさい。

2. 赤ワインのCollageに使われる清澄剤でボルドー地方のシャトーで伝統的に使われているものを、次から選びなさい。
   ㋐ゼラチン　　㋑酵母　　㋒卵白

3. 白ワインのCollageに使われる清澄剤を選びなさい。
   ㋐ベントナイト　　㋑タンニン　　㋒酵母

4. 次の説明に当てはまる特殊な醸造方法を下記から選びなさい。
   （A）破砕の後Mustをタンクに送り、蒸気で加熱し、色素を溶出させてから圧搾し、発酵させる。色が良く出て、タンニンが少ない早飲みタイプの赤ワインとなる。
   （B）発酵中、あるいは貯蔵中のワインに酸素の微泡を吹き込み、酸化を促す方法。渋みを和らげ、早い時期に飲用が可能となる。長期熟成を目的とするワインには不適。赤ワイン南西地方Madiranで開発された。
   （C）発酵後、澱を取り除かずにそのまま春まで放置し、上澄みだけを瓶詰めする。若々しく、フルーティでさわやかなワインを造る。Val de Loire地方で行われる。
   （D）ワインから酒石を取り除くために、タンク中で－4℃～－5℃の低温で約5日～7日間冷却する。瓶詰め前に行われる。
   （E）赤ワインの発酵途中何度か、果汁と皮・種子を分離し、皮や種を空気に触れさせることにより、果皮からの色素、タンニンを早く抽出させ、果実味豊かで柔らかなワインを造る。

   ①Macération-à-Chaud　　②Micro-Oxygénation　　③Stabilisation　　④Sur Lie
   ⑤Macération Carbonique　　⑥Délestage　　⑦Saignée

17. ワイン概論（2）　解答
① 3、4（順不同）
② 1.ウ　2.ケ　3.コ　4.シ　5.オ　6.カ　7.エ　8.サ　9.キ　10.ア　11.ク　12.イ
③ 1.㋒　2.㋒　3.㋑　4.㋐　5.㋒　6.㋙　7.㋡　8.㋐　9.㋨　10.㋛　11.㋚　12.㋤　13.㋘　14.㋣　15.㋜　16.㋕
　　17.㋟　18.㋩　19.㋞　20.㋔
④ (a)(ケ)　(b)(ウ)　(c)(セ)　(d)(ア)　(e)(オ)　(f)(タ)　(g)(ク)　(h)(カ)　(i)(サ)　(j)(ト)　(k)(シ)
　　(ℓ)(イ)　(m)(チ)　(n)(エ)　(o)(ナ)　(p)(ツ)　(q)(ソ)　(r)(ス)
⑤ 1.①エチルアルコール　　2.(2) 乳酸　　(3) クエン酸　　(4) グルコン酸
　　3. (5) 酒石　　(6) 粘液酸カルシウム　　4. (a)(ウ)　(b)(ア)　(c)(カ)
⑥ ①
⑦ 1. 4. 6. 7. 9.（順不同）
⑧ 1. (A)　　2. (D)　　3. (E)
⑨ 1.コールド・ソーク（＝コールド・マセラシオン）　2.㋒　3.㋐　4. (A)①　(B)②　(C)④　(D)③　(E)⑥

18. ヨーロッパのワイン

1 次はイタリアのスパークリングワインの残糖分表示です。残糖分の少ない順に並べなさい。

1．Brut　2．Secco　3．Dolce　4．Brut Nature　5．Extra Dry　6．Extra Brut　7．Semi Secco

2 次の文章の中で適切な言葉を選び記号で答えなさい。

1．Cavaは $\left\{\begin{array}{l}\text{A．ドイツ}\\\text{B．カリフォルニア}\\\text{C．スペイン}\end{array}\right\}$ を代表するスパークリングワインで $\left\{\begin{array}{l}\text{D．Méthode Traditionnelle}\\\text{E．Méthode Charmat}\\\text{F．Méthode Rurale}\end{array}\right\}$ で

造られている。

2．発泡酒の $\left\{\begin{array}{l}\text{A．Pétillant}\\\text{B．Sekt}\\\text{C．Crémant}\end{array}\right\}$ はVal de Loire地方、Bourgogne地方、Languedoc-Roussillon地方、

Bordeaux地方、Vallée du Rhône地方、Jura地方、Savoie地方の他 $\left\{\begin{array}{l}\text{D．Provence}\\\text{E．Alsace}\\\text{F．南西}\end{array}\right\}$ 地方で醸造が認め
られている。

3．ドイツにはSektの他、1気圧〜2.5気圧の $\left\{\begin{array}{l}\text{A．Perlwein}\\\text{B．Schillerwein}\\\text{C．Der Neue}\end{array}\right\}$ という弱発泡のワインがある。

3 次はヨーロッパのワイン産地でEU加盟国におけるワインの説明です。正しい文章を1つ選びなさい。

1．新しいワインの品質分類は2009年に施行された。これによると、品質によってAOPとVDQSに分類されている。

2．スパークリングワインの残糖分の表示はEU加盟国で統一されており、残糖分が12g/ℓ未満の場合はフランス、イタリア、スペインともにBrutで表示されるが、ドイツは辛口を意味するTrockenの表示が使われる。

3．EUのワイン規定における、ラベル記載義務事項には、容量とアルコール度数、ワインの原産国、瓶詰元表示、収穫年などが含まれる。

4．2009年に発令されたEU産ワインの表示に関する規定で、Vin de Tableのカテゴリーは廃止され、「地理的表示を伴わないワイン」が新たにできた。このカテゴリーで、ぶどう品種名と収穫年が共に85％以上の場合はラベル表示ができる。

18.　ヨーロッパのワイン　解答
1　4→6→1→5→2→7→3　　2　1．C. D.　　2．C. E.　　3．A.　　3　4.

19. フランスワイン（1）

1　フランスは19世紀、相次いで病害に見舞われた。次に挙げる病害名をその発生した順番に並べなさい。また、それぞれの対策を書きなさい。

1．Mildiou
2．Oïdium
3．Phylloxera

2　次のフランスワインに関する問いに答えなさい。

1．フランスワインの歴史上の出来事のなかから、最も新しいものを選びなさい。

①フィロキセラ発生
②メドックの格付け
③AOC法の制定
④Ch. Mouton Rothschild が第一級となった

2．次のフランスを代表する品種のシノニムの組み合わせで、誤っているものを選びなさい。

①Vermentino = Rolle
②Muscat = Melon de Bourgogne
③Malbec = Côt
④Savagnan = Naturé
⑤Chardonnay = Melon d'Arbois

3．次のぶどう品種のうち、フランスで最も栽培面積の大きい黒ぶどう品種を選びなさい。

①Grenache
②Cabernet Sauvignon
③Merlot
④Carignan

4．次のフランスワインに関する文章のうち、正しいものを選びなさい。

①ワインの産地は北緯42度〜51度の間に広がっている。
②フランスに最初にワイン造りが伝わったのは、ボルドー地方である。
③黒ぶどうと白ぶどうを比較すると白ぶどうの方が多い。
④ブルゴーニュ地方とボルドー地方を比べるとブルゴーニュ地方の方が生産量は多い。

5．次のなかから大陸性気候と地中海性気候のどちらにも属さない産地を選びなさい。

①ボルドー地方
②プロヴァンス地方
③コルス島
④シャンパーニュ地方

③ 次はフランスのAOP名である。そのAOPがある地方名を【A欄】から選びなさい。

①Corbières 　　　　　　　　【A欄】
②Gigondas 　　　　　　　（A）ボルドー地方
③Jurançon 　　　　　　　（B）ブルゴーニュ地方
④Rosé des Riceys 　　　　（C）南西地方
⑤Givry 　　　　　　　　　（D）プロヴァンス地方
⑥Blaye 　　　　　　　　　（E）ラングドック＝ルーション地方
⑦Bellet 　　　　　　　　　（F）ヴァレ・デュ・ローヌ地方
　　　　　　　　　　　　　　（G）シャンパーニュ地方

④ 次のボルドー地方のワインで、赤・白のタイプが認められているAOPを選びなさい。

1．Loupiac 　　　　　　　　6．Montagne-St-Emilion
2．Bordeaux Clairet 　　　　7．Graves Supérieures
3．Fronsac 　　　　　　　　8．Graves de Vayres
4．Côtes de Bordeaux 　　　9．Cadillac
5．Pessac-Léognan 　　　　10．Crémant de Bordeaux

⑤ 次のボルドー地方に関する説明を読んで、正しい文章を選びなさい。

1．Gravesの格付けが行われたのは最初が1953年で2回目は1963年である。

2．Sauternesは貴腐ワインで有名でガロンヌ川支流のシロン川沿いに発生する霧が影響し、ボトリティス・シネレア菌が繁殖するからである。

3．Bordeaux地方で造られるワインのほとんどがAOPで、フランス全土のAOPワインの中では最も大きい。

4．Bordeaux地方で栽培が認められているCarmenèreは、Bordeaux地方よりもアルゼンチンで多く栽培されている。

5．CadillacとSte-Croix-du-Mont、Céronsは全てガロンヌ川の右岸にあるAOPである。

6．Pomerol地区のシャトーには公式な格付けは無い。

7．Pomerol地区は粘土質と砂利質が混じった酸化鉄の土壌でMelrotを主体にワインが造らている。

8．Ch. Bélair-Monange、Ch.Trottevieille、Ch.Pavie-Macquinは全てCrus Classés de St-EmilionのPremieres Grands Crus Classés格付けのシャトーである。

9．St-Émilion地区は石灰質の岩盤の土壌を持つCôteと砂利質と粘土質の土壌のGraveの異なる地域にワイナリーがある。

10．Ch. Mouton-RothschildがPremieres Grands Crusの格付けになったのは1945年でラベルに「V」（勝利の意味）の文字が描かれた。

⑥ サンテミリオン地区の2012年格付け改訂でPremieres Grands Crus Classés Châteaux Aに昇格したシャトーを次から2つ選びなさい。

1．Ch. Beau-Séjour-Bécot 　　　5．Ch. La Conseillante
2．Ch. Angélus 　　　　　　　　6．Ch. Troplong-Mondot
3．Ch. Canon-la-Gaffelière 　　7．Ch. Ausone
4．Ch. Pavie 　　　　　　　　　8．Ch. Valandraud

7 次のブルゴーニュ地方のAOPワインで、赤だけのAOPには（A）、白だけのAOPには（B）、赤と白の
AOPには（C）と書きなさい。

1．Montagny
2．Rully
3．St-Véran
4．Meursault
5．Volnay
6．Blagny
7．Puligny-Montrachet

8 次はブルゴーニュ地方の特級畑である。この特級畑のある村名を下記から選びなさい。

1．Corton-Charlemagne
2．Grands Echézeaux
3．Les Clos
4．Clos de Tart
5．Chevalier-Montrachet

（ア）Gevery-Chambertin
（イ）Chablis
（ウ）Vosne-Romanée
（エ）Aloxe-Corton
（オ）Morey-Saint-Denis
（カ）Puligny-Montrachet
（キ）Chassagne-Montrachet
（ク）Flagey-Echézeaux

9 次のブルゴーニュ地方のワインのうち白ワインのみ造ることが許されているAOPを選びなさい。

1．Savigny-les-Beaune
2．Corton-Charlemagne
3．Corton
4．Volnay
5．Mâcon-Villages
6．Maranges
7．Régnié
8．Bourgogne Aligoté
9．Givry
10．Bouzeron
11．Chassagne-Montrachet
12．Pouilly-Fuissé

10 ブルゴーニュ地方の畑にはモノポールと呼ばれる畑がある。次の畑の所有者を【A欄】から選びなさい。(重複可)

1．Clos de Tart
2．La Tâche
3．La Grande Rue
4．Romanée-Conti

【A欄】
A．フランソワ・ピノー
B．ドメーヌ・ド・ラ・ロマネ・コンティ
C．シャトー・ド・ヴォーヌ・ロマネ
D．フランソワ・ラマルシエ

11 次のブルゴーニュ地方の村名AOPについて次の問いに答えなさい。

1．Aloxe-Corton
2．Pommard
3．Fixin
4．Gevrey-Chambertin
5．Marsannay
6．Vosne-Romanée
7．Morey-St-Denis
8．Nuits-St-Georges
9．Meursault
10．Chassagne-Montrachet

（A）北から順に並べなさい。
（B）赤のみのAOPを選びなさい。

⑫　ボジョレ・ヌーヴォの最大輸出先の国名を書きなさい。

⑬　次のブルゴーニュ地方の1級畑がある村名を選びなさい。

1．Les Clos des Mouches
2．Les Grands Epenots
3．Champans
4．Les Clos St-Jacques
5．Les Combettes
6．Charmes

（A）Aloxe-Corton　（B）Pommard　（C）Volnay　（D）Gevrey-Chambertin　（E）Beaune
（F）Puligny-Montrachet　（G）Morey-St-Denis　（H）Vosne-Romanée　（I）Meursault

⑭　次のシャブリ・グラン・クリュの7つの畑名を記入しなさい。

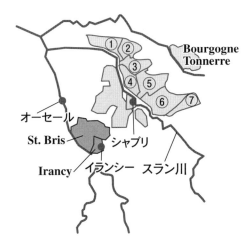

⑮　次のコート・ド・ニュイ地区の地図上の①～⑥、⑧～⑨の村名AOP名とそのタイプを書きなさい。

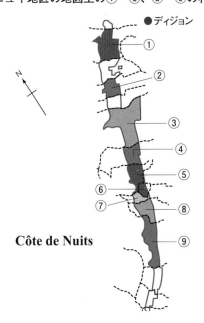

16　次の1〜5のグラン・クリュの地図上の位置を①〜㉔の番号で答えなさい。

1．Chambertin
2．Clos de Tart
3．Romanèe-Conti
4．Musigny
5．Clos de Vougeot

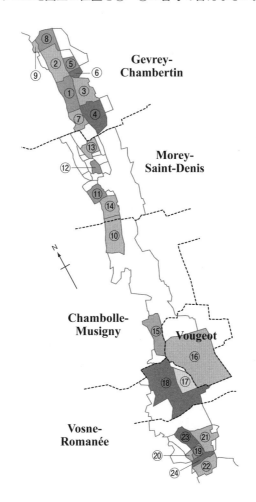

---

19. フランスワイン（1）　解答

1　2.→3.→1.　　対策　1.ボルドー液を散布　2.開花時に硫黄を散布　3.抵抗力のある台木に接木
2　1.④　2.②　3.③　4.①　5.①
3　①E　②F　③C　④G　⑤B　⑥A　⑦D
4　5. 8.（順不同）
5　2. 3. 6. 7. 8. 9.（順不同）
6　2. 4.（順不同）
7　1. B　2. C　3. B　4. C　5. A　6. A　7. C
8　1.（エ）　2.（ク）　3.（イ）　4.（オ）　5.（カ）
9　2. 5. 8. 10. 12.（順不同）
10　1. A.　　2. B.　　3. D.　　4. B.
11　（A）5.→3.→4.→7.→6.→8.→1.→2.→9.→10.　　（B）2. 4. 6.（順不同）
12　日本
13　1.（E）　2.（B）　3.（C）　4.（D）　5.（F）　6.（I）
14　①ブーグロ　②レ・プリューズ　③ヴォーデジール　④グルヌイユ　⑤ヴァルミュール　⑥レ・クロ　⑦ブランショ
15　①マルサネ　RrB　②フィサン　RB　③ジュヴレ・シャンベルタン　R　④モレ・サン・ドニ　RB
　　⑤シャンボール・ミュジニー　R　⑥ヴージョ　RB　⑧ヴォーヌ・ロマネ　R　⑨ニュイ・サン・ジョルジュ　RB
16　1.①　　2.⑭　　3.⑲　4.⑮　　5.⑯

20. ボルドーのシャトーと格付け

① 下記の1～58の格付けシャトー（銘柄名）に関して、次の問いに答えなさい。

1. 各シャトー（銘柄名）が存在する地区名を【A欄】から選びなさい。また、Haut-Médoc地区、Graves地区、Sauternes地区に該当するシャトーについてはそのアペラシオン名を【B欄】から選びなさい。

【A欄】

① Haut-Médoc地区
② Graves地区
③ Sauternes地区
④ St-Emilion地区

【B欄】

A. St-Estèphe
B. Pauillac
C. St-Julien
D. Margaux
E. Haut-Médoc
F. Pessac-Léognan
G. Graves
H. Barsac
I. Sauternes

2. Haut-Médoc地区、Sauternes地区のシャトーについて、その等級を答えなさい。

3. Graves地区のシャトーについて、格付けが赤のみならば「赤」、白のみならば「白」赤白ならば「赤白」と答えなさい。

1. Ch. Lafite-Rothschild
2. Ch. Léoville Poyferré
3. Ch. Couhins
4. Ch. Suduiraut
5. Ch. Haut-Bailly
6. Ch. Mouton Rothschild
7. Ch. Carbonnieux
8. Ch. Léoville Las Cases
9. Ch. de Rayne Vigneau
10. Ch. Rauzan-Ségla
11. Ch. Léoville Barton
12. Ch. Pape Clément
13. Ch. Canon
14. Ch. Durfort-Vivens
15. Ch. Ducru-Beaucaillou
16. Ch. Couhins-Lurton
17. Ch. Beauséjour
18. Ch. Haut Brion
19. Ch. de Fieuzal
20. Ch. Pichon Longueville Comtesse de Lalande
21. Ch. La Tour Blanche
22. Ch. Sigalas Rabaud
23. Ch. Valandraud
24. Ch. Cos d'Estoumel
25. Ch. Lafaurie-Peyraguey
26. Ch. Pichon-Longueville Baron
27. Ch. d'Armailhac
28. Ch. Smith Haut Lafitte
29. Ch. Rauzan-Gassies
30. Ch. Brane-Cantenac
31. Ch. Clerc Milon
32. Ch. Margaux
33. Domaine de Chevalier
34. Ch. Clos Haut-Peyraguey
35. Ch. Cheval-Blanc
36. Ch. Lascombes
37. Ch. Figeac
38. Ch. d'Yquem
39. Ch. Rabaud-Promis
40. Ch. Latour
41. Ch. La Tour Haut Brion
42. Ch. Montrose
43. Ch. Olivier
44. Ch. Larcis Ducasse
45. Ch. Coutet
46. Ch. Trottevieille
47. Ch. Bouscaut
48. Ch. Latour Martillac
49. Ch. La Gaffeliére
50. Ch. Malartic-Lagraviére
51. Ch. Climens
52. Ch. Guiraud
53. Ch. Pavie
54. Clos Fourtet
55. Ch. Rieussec
56. Ch. Ausone
57. Ch. Bélair-Monange
58. Ch. Gruaud-Larose

20. ボルドーのシャトーと格付け　解答

シャトー名	設問 1 A欄	B欄	2	3
1	①	B	1級	—
2	①	C	2級	—
3	②	F	—	白
4	③	I	1級	—
5	②	F	—	赤
6	①	B	1級	—
7	②	F	—	赤・白
8	①	C	2級	—
9	③	I	1級	—
10	①	D	2級	—
11	①	C	2級	—
12	②	F	—	赤
13	④	—	—	—
14	①	D	2級	—
15	①	C	2級	—
16	②	F	—	白
17	④	—	—	—
18	②	F	—	赤
19	②	F	—	赤
20	①	B	2級	—
21	③	I	1級	—
22	③	I	1級	—
23	④	—	—	—
24	①	A	2級	—
25	③	I	1級	—
26	①	B	2級	—
27	①	B	5級	—
28	②	F	—	赤
29	①	D	2級	—

30	①	D	2級	—
31	①	B	5級	—
32	①	D	1級	—
33	②	F	—	赤・白
34	③	I	1級	—
35	④	—	—	—
36	①	D	2級	—
37	④	—	—	—
38	③	I	特別第一級	—
39	③	I	1級	—
40	①	B	1級	—
41	②	F	—	赤
42	①	A	2級	—
43	②	F	—	赤・白
44	④	—	—	—
45	③	H	1級	—
46	④	—	—	—
47	②	F	—	赤・白
48	②	F	—	赤・白
49	④	—	—	—
50	②	F	—	赤・白
51	③	H	1級	—
52	③	I	1級	—
53	④	—	—	—
54	④	—	—	—
55	③	I	1級	—
56	④	—	—	—
57	④	—	—	—
58	①	C	2級	—

21. フランスワイン（2）

1 **次はシャンパーニュに関する説明である。（　　）内に適当な数字を記入しなさい。**

1．Champagneのガス圧は20℃で（A　　）気圧以上と定められている。

2．Champagneの搾汁は4000kgから（B　　）ℓまでと規定されている。そのうちCuvéeは（C　　）ℓまでである。

3．Champagne地方には約300の村がある。そのうち（D　　）村にGrand Cruの格付けがなされている。

4．Champagne Millésiméの法的熟成期間は、Tirage後最低（E　　）年である。また、
Non Millésiméの法的熟成期間は、Tirage後最低（F　　）か月である。

5．Brut Natureの残糖分は（G　　）g/ℓ～（H　　）g/ℓ未満である。

2 **シャンパーニュ地方の地図を見て①～③の産地名を選びなさい。**

（A）Côte des Blancs
（B）Bar-Sur-Aube
（C）Montagne de Reims
（D）Vallée de la Marne
（E）Côte de Sézanne

3 次のシャンパーニュ地方に関する説明で誤っている文章を選びなさい。

1. Champagne地方の村は格付けが行われている。最も良いぶどうができる村は100% Cruの村、次はPremier Cruの村で90%〜99% Cruである。

2. Côte des BlancsはChardonnayの栽培で有名である。

3. Rosé des RiceysはPinot Noir100%から造られるChampagne Roséである。

4. Champagneの醸造工程でリザーヴワインが使われることがある。これは、複数年の保存ワインでブレンド時に使われる。

5. シャンパーニュメーカーの「RC」とは、生産者協同組合で製造販売している業態のことである。

6. Remuageの後にDégorgementそしてDosageの順に作業が行われる。

7. Pas Dosé、Dosage Zeroとラベルに記されている場合はExtra Dryよりも残糖分が少ない。

8. Remuageに使われる道具にPupitreがある。

4 シャンパーニュ地方の100% Cruの村のある地区名を選びなさい。（重複可）

1. Avize	【地区名】
2. Tours-sur-Marne	（A）Côte des Blancs
3. Ambonnay	（B）Bar-Sur-Aube
4. Bouzy	（C）Montagne de Reims
5. Aÿ	（D）Vallée de la Marne
6. Chouilly	（E）Côte de Sézanne

5 次はヴァル・ド・ロワール地方についての説明である。当てはまるワイン名や言葉を選びなさい。

1. Val de Loire地方上流にあるAOPでSauvignon Blancから造られ、燻したような、スモーキーな香があるためにこの名前が付いた。

2. ほのかな甘さを感じさせるワインで、Grolleauを主体に造られるロゼワイン。

3. 代表的な貴腐ワインでChenin Blancから造られる。

4. Pays Nantais地区にあるAOPで最も生産量が多い。

5. Pays Nantais地区で造られるワインはSur Lieが行われることが多い。この製法で造った場合は瓶詰め終了日の規定がある。

6. スパークリングワインも多く造られており、ガス圧が3気圧以下の弱発泡性ワインがある。

7. Centre Nivernais地区にあって、Chasselasで造られるワイン。

8. Chenin Blancのシノニム。

（A）Pouilly Fumé　（B）Pineau d'Aunis　（C）Pineau de la Loire　（D）Vouvray Pétillant

（E）4月30日　（F）Melon de Bourgogne　（G）Crémant de Loire

（H）Muscadet Côtes de Grand Lieu　（I）Bonnezeaux　（J）Anjou-Villages　（K）5月31日

（L）Anjou Coteaux de la Loire　（M）6月30日　（N）Rosé d'Anjou　（O）Cheverny

（P）Poully-sur-Loire　（Q）Muscadet　（R）Muscadet de Sévre-et-Maine

6　次はヴァル・ド・ロワール地方のAOPの一部である。①〜⑥にはAOP名、⑦〜⑬にはぶどう品種名、⑭〜⑳にはワインのタイプを、それぞれ選びなさい。（重複可）

AOP 名	主要品種名	タイプ
Anjou-Villages	Cabernet Franc、Cabernet Sauvignon	⑭
Saumur	Cabernet Franc、Chenin Blanc	⑮
①	⑦、Cabernet Sauvignon、Pineau d'Aunis	R
Coteaux de Layon	⑧	⑯（甘）
②	Chenin Blanc	B（甘）
③	Chenin Blanc	B（辛〜甘）
Touraine Noble Joué	Pinot Meunier、Pinot Gris、Pinot Noir	⑰
Touraine Mousseux	Gamay、Cabernet Franc、Sauvignon Blanc	⑱（発）
Bourgueil	⑨、Cabernet Sauvignon	Rr
Montlouis Sur Loire	⑩	B（辛〜甘）
④	Romorantin	B
Valençay	Gamay、Cot、Pinot Noir、Sauvignon Blanc	⑲
Orléans	⑪	RrB
Orléans-Cléry	⑫	⑳
⑤	Pinot Noir、Sauvignon Blanc	RrB
⑥	Sauvignon Blanc	B
Pouilly sur Loire	⑬	B

【AOP名】

（A）Coulée-de-Serrant　　（B）Cour-Cheverny　　（C）Saumur Champigny

（D）Quincy　　（E）Bonnezeaux　　（F）Sancerre

【ぶどう品種名】

（G）Pinot Meunier、Pinot Noir、Chardonnay　　（H）Sauvignon Blanc

（I）Cabernet Franc　　（J）Chenin Blanc　　（K）Chasselas

【ワインのタイプ】

（L）R　　（M）B　　（N）RB　　（O）r　　（P）RrB　　（Q）rB

7 次のヴァレ・デュ・ローヌ地方の1～7に当てはまるAOP名を【A欄】から選びなさい。

1．ローヌ川の左岸にあり、Grenache と Grenache Blancから造られるVDNとGrenacheから造られる赤ワイン。

2．ローヌ川の右岸にあり、Roussanne、Marsanneから造られるスパークリングワイン。

3．ローヌ川の右岸にあり、Viognier 100％から造られる白ワイン。

4．ローヌ川の左岸にあり、Grenache主体に赤とロゼが造られている。

5．ローヌ川の右岸にあり、Syrah 100％から造られるワイン。

6．ローヌ川の左岸にあり、Clairette Blancheから造られる瓶内二次発酵のスパークリングワイン。

7．ローヌ川の右岸にあり、赤ワインにRoussanneとMarsanneをブレンドできる。

【A欄】

（ア）Côte Rôtie　（イ）Gigondas　（ウ）Cornas　（エ）Vacqueyras　（オ）Hermitage
（カ）St-Péray Mousseux　（キ）Château-Grillet　（ク）Rasteau　（ケ）St-Joseph　（コ）Clairette de Die

8 ヴァレ・デュ・ローヌ地方のワインについての文章である。次の問いに答えなさい。

1．Châteauneuf-du-Papeで使われる品種は13種類ある。次の中で使用が認められていない品種を選びなさい。

（ア）Marsanne　（イ）Terret Noir　（ウ）Syrah　（エ）Cinsaut　（オ）Bourboulenc　（カ）Grenache

2．Vallée du Rhône地方で唯一、ロゼだけのAOPがある。その名前を答えなさい。

3．北部地区の右岸にある、Syrahを主体とした赤ワインで、非常に強いワインができるため、ワインを柔らかくするために白品種を20％まで混醸することが許されている。そのAOP名と混醸できる品種名を答えなさい。

4．北部地区、左岸で白品種の混醸が許されている赤ワインがある。ひとつはHermitageであるが、もうひとつのAOPは何か。混醸できる白品種名と比率の限度を答えなさい。

5．南部で造られるワインでMuscatを原料にしたVDNがある。その名前を答えなさい。

6．次のワイン産地で赤ワインのみのAOPはどれか、答えなさい。

（ア）Beaumes-de-Venise　（イ）Lirac　（ウ）Gigondas　（エ）Vacqueyras

21. フランスワイン（2）　解答

1 (A) 5　(B) 2,550　(C) 2,050　(D) 17　(E) 3　(F) 15　(G) 0　(H) 3
2 ① (C)　② (D)　③ (A)
3 3. 5. (順不同)
4 1. (A)　2. (D)　3. (C)　4. (C)　5. (D)　6. (A)
5 1. (A)　2. (N)　3. (I)　4. (R)　5. (M)　6. (D)　7. (P)　8. (C)
6 ① (C)　② (E)　③ (A)　④ (B)　⑤ (F)　⑥ (D)　⑦ (I)　⑧ (J)　⑨ (I)　⑩ (J)　⑪ (G)　⑫ (I)
　⑬ (K)　⑭ (L)　⑮ (P)　⑯ (M)　⑰ (O)　⑱ (Q)　⑲ (P)　⑳ (L)
7 1. (ク)　2. (カ)　3. (キ)　4. (イ)　5. (ウ)　6. (コ)　7. (ケ)
8 1. (ア)　2. タヴェル　3. AOC名：コート・ロティ、品種名：ヴィオニエ
　4. AOC名：クローズ・エルミタージュ、品種名：マルサンヌ、ルーサンヌ　比率：15％まで
　5. ミュスカ・ド・ボーム・ド・ヴニーズ　6. （ア）

22. フランスワイン（3）

1 次のアルザス地方とロレーヌ地方ワインに関する文章で下線の部分が正しければ○を、誤っていれば×を付け、正しい答えに訂正しなさい。

1. Alsace Grand Cru で使用が認められているぶどう品種は、Riesling、Gewürztraminer、⑦<u>Pinot Gris</u>、
④<u>Pinot Blanc</u> である。

2. Alsace 地方で使われている Pinot Blanc は別名⑦<u>Gutedel</u> とも呼ばれる。

3. Alsace 地方の遅摘みぶどうから造られるワインは㊤<u>Vendanges Tardives</u> である。

4. Alsace 地方では Crémant d'Alsace が造られており、その色は㊊<u>白とロゼ</u>である。

5. Vin d'Alsace の赤とロゼの品種は㊋<u>Pinot Noir と Gamay</u> である。

6. Alsace 地方は Haut Rhin 県と Bas Rhin 県にあるが、Rhin とはこの近くを流れる㊍<u>川の名前</u>である。

7. 異なる品種をブレンドして造るワインを㊎<u>Vin d'Alsace Edelzwicker</u> という。

8. Lorraine 地方では Pinot Noir や Gamay から色の薄いロゼワインが造られている。AOP 名は㊏<u>Côtes de Loraine</u> で、そのワインは色合いが薄いため、㊐<u>Vin Jaune</u> と呼ばれている。

2 次のワインに使用される主要ぶどう品種を選びなさい。

1. Vin de Savoie（R）
2. Arbois（R）
3. Crémant d'Alsace（B）
4. Crémant de Jura（B）
5. Seyssel
6. Château-Châlon

（ア）Altesse　（イ）Chasselas　（ウ）Poulsard　（エ）Chardonnay　（オ）Savagnin
（カ）Riesling　（キ）Mondeuse　（ク）Jacquère

③ 次の文章を読んで（　　）に当てはまる地方名や地区名は【A欄】、ワイン名や品種名は【B欄】、ワイン醸造とその他は【C欄】から選びなさい。

1. 辛口でフルーティなワインを産する（ア　　）地方はスイスとの国境に面したワイン産地である。レマン湖のそばのAOP（イ　　）は（ウ　　）種を主体にワインが造られている。また、この地方の主要品種である（エ　　）は別名Altesseとも呼ばれている。

2. ジュラ山脈のふもとに広がる（オ　　）地方は産膜酵母によるアーモンドの香りが特徴の（カ　　）が造られている。代表的なAOPは（キ　　）で、使われるぶどう品種は（ク　　）である。製造方法は木樽で最低（ケ　　）年間、Soutirageや（コ　　）をせずに熟成し、その間に付く産膜酵母の発生によって独特の味わいを持つワインとなる。容器も特別で（サ　　）と呼ばれる620mlのガラス瓶が使われる。

3. 地中海沿岸地域には、ローマ時代から続くロゼの生産で有名な（シ　　）地方、フランス最大のワイン産地である（ス　　）地方、地中海の島でギリシャ、ローマ時代から伝わる固有品種がある（セ　　）がある。

4. 地中海沿岸のワイン産地はフォーティファイドワインも有名で、アルコールを添加して発酵を停止させて甘さを残したワインの（ソ　　）と、果汁の発酵前にアルコールを添加して造る（タ　　）がある。アルコールを添加して発酵を停止させることを（チ　　）と言い、アルコール度数は（ツ　　）％以上である。また、造られたフォーティファイドワインを故意に酸化させた（テ　　）は高温の軒下に熟成樽を置いたり、ボンボンヌという大型の（ト　　）を屋外に置くことによって造られる。

5. ボルドー地方からトゥールーズ市にかけてと、スペインの国境の（ナ　　）山脈にかけて広がるワイン産地は（ニ　　）地方である。この地方で最も有名なのが「黒いワイン」の異名をもつAOP（ヌ　　）で、ぶどう品種はMalbecであるが、この地方では（ネ　　）と呼ばれている。

6. ボルドー地方近くのワイン産地（ノ　　）地区はボルドー地方とほぼ同じぶどう品種を使って同じようなスタイルのワインを造っている。甘口ではAOP（ハ　　）がよく知られている。また、スペイン近くの産地では遅摘みぶどうから甘口ワインが造られており、AOP（ヒ　　）が特産のフォアグラに合うワインとして知られている。

7. バスク地方の赤ワインではTannatから造られるAOP（フ　　）が有名である。タナは発酵中に果帽が硬くなりやすいため、発酵途中で一度、タンクから果帽を出し（ヘ　　）を施し、また、タンクに戻すことが行われている。同じく、強いタンニンを和らげる、新しい技術の（ホ　　）もこの地方から始まった。

【A欄：地方名、地区名】

①Provence　②Languedoc-Roussillon　③Sud-Ouest　④Pyrénées　⑤Corse　⑥Bergerac
⑦Jura　⑧Savoie

【B欄：ワイン名、AOP名、品種名】

⑨Monbazillac　⑩Madiran　⑪Vin de Savoie-Crépy　⑫Auxerrois　⑬Fer　⑭Vin Jaune
⑮Savagnin　⑯Château-Châlon　⑰VDN　⑱Cahors　⑲VdL
⑳Chasselas　㉑Roussette　㉒Jurançon

【C欄：ワイン醸造、その他】

㉓6　㉔Mutage　㉕ガラス瓶　㉖Rancio　㉗Clavelin　㉘Ouillage　㉙Délestage
㉚15　㉛Micro-Oxygénation

4 次の品種のシノニムを選びなさい。（重複可）

1. Melon d'Arbois   （ア）Ugni Blanc
2. Rolle   （イ）Mourvédre
3. Gros Noirien   （ウ）Vermentino
4. Klevner   （エ）Altesse
5. Auxerrois   （オ）Savagnin
6. Roussette   （カ）Chardonnay
7. Gutedel   （キ）Chasselas
8. Naturé   （ク）Pinot Blanc
9. Nielluccio   （ケ）Sangiovese
10. Malvoisie de Corse   （コ）Malbec
                           （サ）Pinot Noir
                           （シ）Syrah

5 次のVDNとVdLの記述で誤っている文を選びなさい。

1. Languedoc 地方では Muscat Blanc を使った白のVDNが造られている。

2. Rancio とは故意に酸化させたVDNである。

3. VDNは発酵途中にアルコールを添加し発酵を止めたワインで、一般のワインよりアルコール分が高い。

4. VDNのほとんどはLanguedoc-Roussillon 地方で造られているがCorse島にもある。

5. Banyuls Grand Cru は Grenache 主体で造られるVDNである。

6. スティルワインのCollioure とVDNのBanyulsは同地区内で造られている。

7. Maury と Rivesaltes は Roussillon 地方のVDNである。

8. Vallée du Rhône 地方で造られる Rasteau には Rancio は無い。

9. Muscat de Lunel、Muscat de Rivesaltes、Muscat de Mireval は全て Languedoc 地方のVDNである。

10. Pineau des Charentes は Armagnac 地方で造られる VdL である。

11. Jura 地方には Macvin de Jura という VdL がある。

12. VDNに使われる白品種のMaccabeu と Maccabéo は同じ品種である。

13. VdLの正式名は Vins de Liqueur である。

14. VDNの正式名は Vins de Naturels である。

15. Vallée du Rhône 地方には白のVdLの Muscat de Beaumes-de-Venise がある。

6 次の地中海沿岸のワインの説明を読んでその問いに答えなさい。

1. Provence 地方の山岳地帯にあり、赤とロゼが造られている AOP は次のどれか。

（A）Côtes de Provence Frejus　　（B）Palette　　（C）Coteaux d'Aix-en-Provence

2. Languedoc 地方のワインで赤だけのAOPは次のどれか。

（A）Corbiéres　　（B）Malepére　　（C）Fitou

3．Roussillon地方のワインで赤だけのAOPは次のどれか。

（A）Collioure　　（B）Côtes du Roussillon　　（C）Côtes du Roussillon-Villages

4．次の中で、Mouzacを100％使用することが義務付けられているのはどれか。

（A）Blanquette de Limoux　　（B）Limoux méthode ancestrale　　（C）Cremant de Limoux

7　次の1〜10のワインの中からVdLを選び、その産地を【A欄】から選びなさい。

1．Pineau des Charentes　　　　　　　【A欄】
2．Irouléguy　　　　　　　　　　　　（ア）Languedoc
3．Banyuls　　　　　　　　　　　　　（イ）Cognac
4．Muscat du Cap Corse　　　　　　　（ウ）Jura
5．Floc de Gascogne　　　　　　　　　（エ）Champagne
6．Muscat de Mireval　　　　　　　　（オ）Roussillon
7．Frontignan　　　　　　　　　　　　（カ）Côtes du Rhône
8．Rivesaltes　　　　　　　　　　　　（キ）Normandie
9．Grand Roussillon　　　　　　　　　（ク）Gascogne（Armagnac）
10．Pommeau de Normandie

8　次の1〜5のAOPの、地図上の位置番号、AOPのタイプを【A欄】、主要品種を【B欄】より選びなさい。

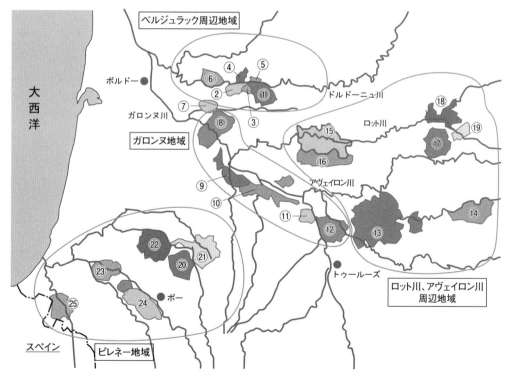

1．Monbazillac

2．Buzet

3．Cahors

4．Madiran

5．Jurançon

【A欄】（重複可）

（あ）R　（い）Rr　（う）RrB　（え）RB　（お）B(発)　（か）rB(発)　（き）B(甘)

【B欄】

（ア）Malbec

（イ）Mauzac / Len de l'El

（ウ）Tannat

（エ）Gros Manseng / Petit Manseng

（オ）Duras / Fer

（カ）Merlot / Cabernet Sauvignon / Cabernet Franc / Sémillon / Muscadelle

（キ）Sémillon / Sauvignon Blanc

（ク）Fer

22. フランスワイン（3）　解答

1　1.㋐○　㋑×ミュスカ　2.㋒×クレヴネール　3.㋓○　4.㋔○　5.㋕×ピノ・ノワールのみ　6.㋖○　7.㋗○
　8.㋘×コート・デ・トゥル　㋙×ヴァン・グリ

2　1.（キ）　2.（ウ）　3.（カ）　4.（エ）　5.（ア）　6.（オ）

3　（ア）⑧　（イ）⑪　（ウ）⑳　（エ）㉑　（オ）⑦
　（カ）⑭　（キ）⑯　（ク）⑮　（ケ）㉓　（コ）㉘
　（サ）㉗　（シ）①　（ス）②　（セ）⑤　（ソ）⑰
　（タ）⑲　（チ）㉔　（ツ）㉚　（テ）㉖　（ト）㉕
　（ナ）④　（ニ）③　（ヌ）⑱　（ネ）⑫　（ノ）⑥
　（ハ）⑨　（ヒ）㉒　（フ）⑩　（ヘ）㉙　（ホ）㉛

4　1.（カ）　2.（ウ）　3.（サ）　4.（ク）　5.（コ）　6.（エ）　7.（キ）　8.（オ）　9.（ケ）　10.（ウ）

5　8. 9. 10. 14. 15.（順不同）

6　1.（A）　2.（C）　3.（C）　4.（B）

7　1.（イ）　5.（ク）　7.（ア）　10.（キ）

8　1.　③、（き）、（キ）　2.　⑨、（う）、（カ）　3.　⑮、（あ）、（ア）　4.　⑳、（あ）、（ウ）　5.　㉔、（き）、（エ）

23. イタリアワイン

1 　次はイタリアのワインについての説明である。下線が正しければ（○）を、誤っている場合は（×）を書きなさい。

1．イタリアは南北に細長い国で、①北緯35度から北緯47度の範囲に位置している。北部はアルプス山脈に接しており、山岳地帯のワイン産地として②Valle d'Aosta、Piemonte、Lombardia、Veneto、Trentino-AltoAdige と Friuli-Venezia-Giulia の州がある。

2．イタリア中部から南部にかけて中央を走る山脈は③アペニン山脈で、その東側にある④Toscana州はアドリア海に面している。

3．イタリアのSpumanteの残糖分でSemi Seccoは⑤17 g/ℓ〜 32 g/ℓである。

4．2014年現在でPiemonte州のDOCGに格付けされているワインは⑥9種類で、州別にみると数は⑦最も多い。

5．Lombardia州のDOCG Franciacortaは⑧Metodo Classico（Spumante Classico）で造られるスパークリングワインで、ぶどう品種は⑨Pinot Bianco、Chardonnay、Sangioveseである。

6．Campania州の州都は⑩ペルージャである。また、DOCGの格付けワインには、⑪Aglianicoが主品種のTaurasi、⑫Greco di Tufo、⑬Fiano di Avellinoなどがある。

7．古代フェニキア時代までさかのぼるワイン産地のPuglia州にはDOCG格付けワインは⑭存在しない。

8．Marsalaは⑮Sicilia州で造られており、⑯DOCGである。

9．イタリアで最も栽培面積の多い品種は⑰Sangioveseである。

2 　次の歴史上の事柄について問いに答えなさい。

1．1716年にトスカーナ王国のコジモ三世によって原産地指定が行われたのは、Pomino、Chianti、Val d'Arno di Sopraそしてもう1つはどこか。

2．1773年イギリス人によって始まった、フォーティファイドワインの①名称と造られている②州名。

3．①最初のワイン法が成立された年号と②最初にDOCGが制定された年号。

4．BC800年頃イタリアで最初にワインが造られたと言われている、エトルリア文明は現在の何州に位置しているか。

3 　次の品種のシノニムを答えなさい。

1．Nebbioloの①Ghemme、Gattinaraと②Lombardia州での別名

2．Trebbianoのフランスでの別名

3．Sangioveseの①Montalcino、②Montepulcianoと③Corseでの別名

4．Nero d'Avolaの別名

5．Primitivoのアメリカでの別名

④ 次のイタリアワインに関する説明を読んで、誤っている文章を選びなさい。

1．Lazio州の最初のDOCGはローマのワインと呼ばれているFrascatiである。

2．ティレニア海沿岸の州はLiguria、Toscana、Lazio、Campania、Basilicata、Calabriaである。

3．ボローニャ市を州都とするEmilia-Romagna州にはロマーニャ平野が広がる。

4．IGPはVino a Indicazione Geografica Protetta の略で、DOCより規定がゆるやかである。

5．イタリアはフランス、スイス、ドイツ、オーストリア、スロベニアと国境を接している。

6．DOCGの「G」とはGarantita＜保証＞の略でDOCよりさらに厳しい条件の規定がある。

7．イタリアの新酒はVino Novelloと呼ばれその解禁日はBeaujolais Nouveauと同じ、11月第3木曜日である。

8．Baroloの熟成期間は収穫年の翌年1月1日より36か月以上で、Barolo Reservaは60か月以上の熟成が義務付けられている。

9．Friuli-Venezia-Giulia州のDOCGはColli Orientali del Friuli PicolitとRamandoloの2つで、ともにエレガントな辛口白ワインである。

10．現在DOCGが存在しない州のひとつに、Calabria州がある。

⑤ 次はイタリアの特殊なワインや用語の説明である。空欄に説明にふさわしい言葉を選びなさい。

1．指定された産地で熟成期間の長いワインを一般のワインと区別するために（A　　）とラベルに記載される。Barolo、Chianti、Torgianoなどがある。

2．アルコール分と力強いワインを造るため、収穫したぶどうを乾燥させた後、醸造する方法がある。Lombardia州にはDOCGの（B　　）があり、Veneto州にはDOCGの（C　　）がある。

3．Toscana州で多く造られている。ぶどうを乾燥させ糖度を高め、果汁を小ぶりの樽で長期間発酵・熟成させて造られる。アルコール度数は14%〜16%のワインを（D　　）と言う。

4．伝統的なワイン産地を特定し、区別された地区に使われる言葉である（E　　）はChianti、Soave、Valpolicella、Bardolino等で有名である。

5．イタリアではスパークリングワインを一般に（F　　）と言い、特に瓶内二次発酵で造られた場合は（G　　）と呼ばれ区別する。

6．イタリアでは発泡酒が多く造られている、二酸化炭素気圧の低いスパークリングを（H　　）と呼び、Emilia-Romagna州で造られ、パルマハムとの相性が良い（I　　）が有名である。

7．指定された地域でアルコールが一般より高いワインを（J　　）と呼ぶ。Soave、Bardolino、Frascati等がある。

（ア）Vin Santo　　（イ）Pergola　　（ウ）Superiore　　（エ）Classico
（オ）Consorzio　　（カ）Fiasco　　（キ）Recioto　　（ク）Alberello
（ケ）Metodo Classico　　（コ）Frizzante　　（サ）Spumante　　（シ）Catarratto
（ス）Moscato Bianco　　（セ）Lambrusco di Sorbara　　（ソ）Riserva　　（タ）Passito
（チ）Sforzato di Valtellina　　（ツ）Amarone della Valpolicella

6 次のイタリアワインについて、産出する州名を【A欄】から、ワインの主要品種名を【B欄】から選び、地図上の当てはまる番号も選びなさい。（重複可）尚、主要品種はその地方で呼ばれているものを選択しなさい。

1．Sforzato di Valtellina
2．Frascati
3．Valpolicella
4．Vermentino di Gallura
5．Ghemme
6．Taurasi
7．Gattinara
8．Dogliani
9．Gavi
10．Torgiano Rosso Riserva
11．Carmignano
12．Cesanese del Piglio
13．Fiano di Avellino
14．Conero
15．Roero（B）
16．Vino Nobile di Montepulciano
17．Recioto di Soave
18．Ramandolo
19．Conegliano Valdobbiadene-Prosecco
20．Cinque Terre

【A欄】
1．Marche
2．Abruzzo
3．Campania
4．Friuli-Venezia-Giulia
5．Sicilia
6．Piemonte
7．Veneto
8．Calabria
9．Liguria
10．Trentino-Alto Adige
11．Lazio
12．Puglia
13．Molise
14．Sardegna
15．Lombardia
16．Valle d'Aosta
17．Basilicata
18．．Umbria
19．Toscana
20．Emilia-Romagna

【B欄】
（ア）Garganega
（イ）Arneis
（ウ）Aglianico
（エ）Verduzzo Friurano
（オ）Corvina Veronese
（カ）Bosco
（キ）Glera
（ク）Chiavennasca
（ケ）Spanna
（コ）Vernaccia
（サ）Prugnolo Gentile
（シ）Barbera
（ス）Cortese
（セ）Albana
（ソ）Cesanese
（タ）Vermentino
（チ）Montepulciano
（ツ）Sangiovese
（テ）Malvasia
（ト）Sagrantino
（ナ）Fiano
（ニ）Catarratto
（ヌ）Dolcetto

7 次の日本語の説明に合うワイン用語を下記より選びなさい。

（A）醸造所
（B）ロゼワイン
（C）キアンティ地方の藁苞の瓶
（D）フォーティファイド・ワイン
（E）品質保護協会
（F）色調の濃いロゼワイン
（G）収穫年
（H）残糖12 g／ℓ〜 45 g／ℓの中甘口ワイン

①Vino Rosato　　②Vino Liquoroso　　③Amabile　　④Asciutto　　⑤Vino Giovane　　⑥Cantina
⑦Consorzio　　⑧Fiasco　　⑨Uva　　⑩Vendemmia　　⑪Cerasuolo

23. イタリアワイン　解答

1 ①○　②○　③○　④×　⑤×　⑥×　⑦○　⑧○　⑨×　⑩×　⑪○　⑫○　⑬○　⑭×　⑮○　⑯×　⑰○
2 1. カルミニャーノ　　2. ①マルサラ　②シチリア州　3. ①1963年　②1980年　　4. トスカーナ州
3 1. ①スパンナ　②キアヴェンナスカ
　　2. ユニ・ブラン
　　3. ①ブルネッロ　②プルニョーロ・ジェンティーレ　③ニエルチオ
　　4. カラブレーゼ
　　5. ジンファンデル
4 1. 3. 5. 7. 9.（順不同）
5 （A）（ソ）　（B）（チ）　（C）（ツ）　（D）（ア）　（E）（エ）　（F）（サ）　（G）（ケ）　（H）（コ）　（I）（セ）　（J）（ウ）
6 　1. 15.（ク）④　2. 11.（テ）⑫　3. 7.（オ）⑥　4. 14.（タ）⑳　5. 6.（ケ）②　6. 3.（ウ）⑮
　　7. 6.（ケ）②　8. 6.（ヌ）②　9. 6.（ス）②　10. 18.（ツ）⑩　11. 19.（ツ）⑨　12. 11.（ソ）⑫
　　13. 3.（ナ）⑮　14. 1.（チ）⑪　15. 6.（イ）②　16. 19.（サ）⑨　17. 7.（ア）⑥　18. 4.（エ）⑦
　　19. 7.（キ）⑥　20. 9.（カ）と（タ）③
7 （A）⑥　（B）①　（C）⑧　（D）②　（E）⑦　（F）⑪　（G）⑩　（H）③

24. スペイン、ポルトガルワイン

① 次のスペインワインに関する文章で下線部分が正しい場合は（○）を、誤っている箇所は正しい言葉に訂正しなさい。

1. スペインのぶどう栽培面積は⑦世界第1位である。

2. 19世紀、フランスを襲った④Phylloxera害によってスペインに移住した醸造者は、⑤Ribera del Duero で樽熟成等の技術を伝え、この地で高品質ワインが造られるようになった。

3. DOCaに認定されている産地は⑤Riojaだけであったが、2009年に⑦Prioratoも認められた。

4. スペインで栽培面積が最も大きい品種は⑩Tempranilloである。

5. Vino de la TierraはEU法規では⑨DOPに分類される。

6. スペインのワイン生産量は⑦世界第3位である。

7. 4人組と呼ばれる⑦Riojaで造られた新しいスタイルのワインを「スーパースパニッシュ」と呼び、スペインワインが国際的に注目されるきっかけとなった。

8. ⑩1933年に原産地呼称が始まり、1970年全国原産地呼称庁の⑪ICEXができ本格的なワイン法が定まった。その後、2003年に品質分類が⑫6段階となった。2009年のEU法規制定により、地理的表示ワインは⑬DOPとIGPとなった。

9. 古くから樽熟成期間を重視しており、樽熟しないワインを「若い」という意味のJovenあるいは「樽熟しない」の意味の⑭Crianzaと呼ぶ。

10. ⑮250ℓ以下の樽で熟成が義務付けられているReservaの最低熟成期間は、赤ワインで樽と瓶で⑯36か月、そのうち樽での熟成は⑰24か月と規定されている。また、Grand Reservaの赤は樽と瓶で⑱50か月、そのうち樽での熟成は⑲30か月である。

② スペインのスパークリングワインについて（　）に当てはまる言葉を選びなさい。

1. スパークリングワインは一般的に（ア　）と言い、その中で特別DOとして瓶内二次発酵で造られる場合は（イ　）と呼ばれる。

2. 生産拠点はスペイン地中海沿岸地方にある（ウ　）州のPenedés地区で、バルセロナの南西30kmにある（エ　）の町を中心に（イ　）をスペイン全体の90％近く産出している。主要ぶどう品種は（オ　）、Parellada、Macabeoであるが、最近はChardonnayや（カ　）も増えてきた。

3. 甘辛表示で辛い順にBrut Nature、（キ　）、Brut、Extra Seco、Seco、Semi Seco、（ク　）の順である。

4. 造られる色のタイプは（ケ　）である。

5. （イ　）の最低熟成期間の規定があり、Reservaは瓶詰め後（コ　）以上、（サ　）は30か月以上、カバ・デ・パラヘ・カリフィカードは（シ　）以上の熟成期間が必要である。

①Pinot Noir　②Pinot Meunier　③Dulce　④Xarel-lo　⑤Grand Reserva　⑥Cava
⑦Sant Sadurneí de Noia　⑧Sanlúcar de Barrameda　⑨Palomino　⑩Extra Brut
⑪Cataluña　⑫Espumoso　⑬rB　⑭15か月　⑮20か月　⑯Crianza　⑰RrB
⑱熟成期間　⑲36か月　⑳B

3 次の説明に当てはまるスペインワインの産地を【A欄】から、また、産地を地図から選びなさい。

1. このDOの意味は「山麓」で、名前の通りアラゴン州北部のピレネー山脈山麓に位置する。近代的な醸造技術と外来品種が多いことでも有名で、Cabernet SauvignonやMerlot、Pinot Noir、Chardonnay、Gewürztraminerなどで高い評価を受けている。

2. 乾燥した岩山の斜面にぶどうが植えられており、1980年頃からドロップ式灌漑が導入された。ワイン造りの専門家グループによって高品質・少量生産が行われるようになり、特に「4人組」と呼ばれる醸造家は世界で有名になった。

3. ピレネー山脈の麓に近いエブロ川流域に広がる産地。ロゼワインの産地と見なされていたが、最近は赤ワインが増え、TempranilloやCabernet Sauvignonの栽培面積が広がっている。

4. アンダルシア地方の酒精強化ワインの産地のひとつでMoscatelを主体に甘口のワインが多く造られている。2001年に同じ地域に新しいスティルワインのDOが認定された。

5. この近くの、YeclaやAlicanteとともに、近年その品質が高く評価されるようになった産地。主要品種はMonastrellで、ワイン評論家の間でこの品種の評価が再認識されるようになった。

6. ドゥエロ川の両岸に広がる産地で、Riojaと双璧といわれる高品質の産地として知られている。赤とロゼが造られており、主要品種のTinto Finoを75％以上使うことが義務付けられている。

【A欄】
①Somontano
②Málaga
③Priorato
④Penedés
⑤Ribera del Duero
⑥Navarra
⑦Jumilla
⑧La Mancha

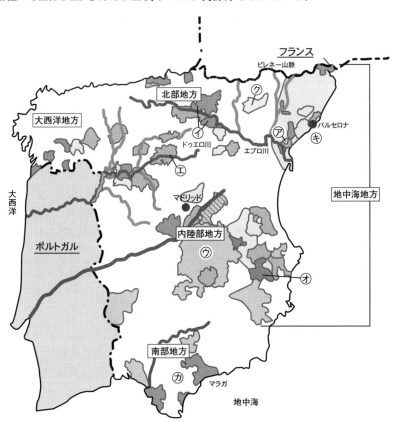

4 次のシェリーに関する問いに答えなさい。

1. シェリーが造られる県名を書きなさい。

2. シェリーの正式なDO名を書きなさい。

3. シェリーの中で、Manzanillaが造られる町の名前を書きなさい。

4. シェリーの主要品種3種類を書きなさい。

5. 産膜酵母が繁殖して白い膜が造られ、シェリー独特の香りを生み出す。その酵母は一般的にどのように呼ばれているか。名前を書きなさい。

6. シェリー独特の熟成方法を書きなさい。

7. シェリーの土壌を書きなさい。

8. Finoを熟成させ、琥珀色でナッツの風味が付いたシェリーの名前を書きなさい。

9. Pedro Ximénezを90％以上使って造られ、シェリー近くにあるフォーティファイドワインの産地名を書きなさい。

10. 熟成20年以上の古いSherryはVOS（Very Old Sherry）とラベルに表示される。さらに古い30年以上のSherryはどのように表示されるか。

5 次の質問に関係の深い言葉を選び文章を完成しなさい。

1. ダン川の流域にはTouriga Nacionalや（ア　　）で造られる赤で有名なDOC Dãoがあり、その下流にはDOC（イ　　）があり、（ウ　　）から造られる赤、そして、瓶内二次発酵で造られるスパークリング・ワインが有名である。

2. マデイラ島は大西洋航路に欠かせない島で、航海王として有名な（エ　　）王子はこの島を開墾し、バナナ、サトウキビ、ぶどうを栽培した。

3. 世界最初の原産地管理法が成立されたのはポルト・エ・ドウロ地方で（オ　　）伯爵により（カ　　）年のことである。

4. ポルトガルの内陸地域にあり乾燥したこの地は、1998年に7地区が統一されて新たなDOC（キ　　）が生まれた。

5. 北部の産地のDOC（ク　　）はAlvarinhoやLoureiroからフレッシュなワインが造られている。

6. Portoの原料となるぶどうは（ケ　　）地方で造られている。かつてはここから（コ　　）と呼ばれる船でワインが運ばれていた。

①Tejo　②Alentejo　③Vinho Verde　④Bairrada　⑤Bucelas　⑥ヘンリー
⑦ポンバル　⑧エンリケ　⑨コロンブス　⑩1956　⑪1856　⑫1756　⑬Porto e Douro
⑭ラベロ　⑮Vinho de Mesa　⑯Baga　⑰Tinta Roriz　⑱Lagar　⑲Tejo
⑳Lisboa

6 次はポートワインの製法の図である。その説明文の（A）〜（E）にあてはまる言葉を下記から選びなさい。

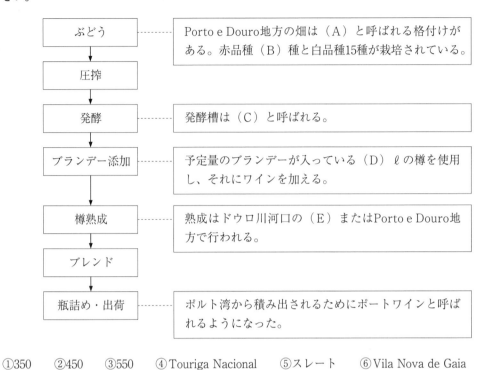

① 350　　② 450　　③ 550　　④ Touriga Nacional　　⑤ スレート　　⑥ Vila Nova de Gaia
⑦ カダストロ　　⑧ ラガール　　⑨ ポルト　　⑩ リスボン　　⑪ 9　　⑫ 13

7 次の説明に当てはまるポートワインのタイプを選びなさい。

1. 公的に決められたスペシャルタイプのポートワインで樽熟は 7 年以上。瓶詰め時に濾過を行う。収穫年と瓶詰め年をラベルに記載。

2. 樽熟したポートワインをブレンドし、濾過後瓶詰めを行う。平均熟成期間は 5 〜 6 年。

3. 公的に決められたスペシャルタイプ。低温発酵で造られた白ぶどうを原料とした、アルコール度 16.5％以上の辛口ポートワイン。

4. 作柄の良い年に、その年のぶどうだけで造る。樽熟は 2 年と短く、濾過をせずに瓶詰めし、長い瓶熟後飲まれる最高級品。

（ア）Ruby Port　　（イ）White Port　　（ウ）Tawny Port　　（エ）Vintage Port
（オ）Late Bottled Vintage Port　　（カ）Colheita　　（キ）Aged Tawny　　（ク）Light Dry

⑧ マデイラワインについての説明を読み、（　　）に当てはまる言葉を下記より選びなさい。

世界３大酒精強化ワインのひとつ、マデイラは大西洋上の島、マデイラ島で造られ、加熱熟成による独特の風味が特徴である。加熱熟成の種類には、樽に入ったワインを並べた倉庫に太陽熱を取り込んで温める（ア　　）と、ワインの入ったタンクに湯を循環させて温める（イ　　）がある。（ア　　）は高級品に向き、（イ　　）はスタンダードワインに適している。

マデイラ島の海岸線は切り立った断崖のため、段々畑にぶどうが栽培されている。マデイラの高級4品種は、その品種を85％以上用いられていれば品種名を表示することができ、品種名がそのまま味のタイプを表す。（ウ　　）は辛口、（エ　　）は中辛口、（オ　　）は中甘口、（カ　　）は甘口に醸造される。これは、酒精強化のタイミングが異なることによるもので、甘口タイプの（オ　　）、（カ　　）は発酵の初期のまだ糖が多く残っている段階で、また、辛口タイプの（ウ　　）、（エ　　）は発酵の終了段階で酒精強化行われる。その他、（キ　　）はマデイラ唯一の赤品種で、一般消費用マデイラの原料となる。

1．Tinta Negra Mole　　2．Frasqueira　　3．Sercial　　4．Canteiro　　5．Verdelho
6．Estufa　　7．Malmsey　　8．Boal

24．スペイン、ポルトガルワイン　解答

① ⑦○　④○　⑦リオハ　④○　⑦○　⑪アイレン　④IGP　⑦○　⑦プリオラート　⑨○
　⑪INDO　⑨○　⑨○　⑨シン・クリアンサ　⑨330ℓ　⑨○　④12か月　⑨60か月　⑨18か月
② （ア）⑫　（イ）⑥　（ウ）⑪　（エ）⑦　（オ）④　（カ）①　（キ）⑩　（ク）③　（ケ）⑬　（コ）⑭　（サ）⑤
　（シ）⑲
③ 1．①⑦　2．③⑦　3．⑥④　4．②⑪　5．⑦⑦　6．⑤④
④ 1．カディス県　2．ヘレス＝セレス＝シェリー、サンルカール・デ・バラメダ　3．サンルカール・デ・バラメダ
　4．パロミノ、ペドロ・ヒメネス、モスカテル　5．フロール　6．ソレラシステム　7．アルバリサ（石灰質）
　8．アモンティリャード　9．モンティリャ＝モリレス　10．VORS（Very Old Rare Sherry）
⑤ （ア）⑰　（イ）④　（ウ）⑯　（エ）⑧　（オ）⑦　（カ）⑫　（キ）②　（ク）③　（ケ）⑬　（コ）⑭
⑥ （A）⑦　（B）⑫　（C）⑧　（D）③　（E）⑥
⑦ 1．（カ）　2．（ウ）　3．（ク）　4．（エ）
⑧ （ア）4．　（イ）6．　（ウ）3．　（エ）5．　（オ）8．　（カ）7．　（キ）1．

25. ドイツ、その他のヨーロッパワイン

1 次はドイツワインに使われている原料ぶどうの説明である。品種名を答えなさい。

1. Pinot Grisのドイツでの別名。特にBadenとPfalzで使われる。辛口に造られることが多く、やや甘口仕立ての場合にはRuländerと表示される。

2. ドイツで最も栽培面積が大きい品種である。小粒の果粒は晩熟で10月後半から11月に完熟する。長い熟成期間によって豊かな果実香がはぐくまれ、天然のすばらしい甘さと酸味のバランスが生まれる。

3. 新しい交配種で、赤ワイン用のTrollingerと白ワイン用のRieslingの交配によって生まれた白品種。果粒は皮が厚く早熟型。ワインはほのかなマスカットの香りがあり、独特な鋭い酸味がある。羊、仔牛料理に合う。

4. フランス名はPinot Noirである。優雅で独特な香りと味を持ち合わせ、果粒は小粒で晩熟型。

5. Württembergを中心に栽培されている。北イタリアの南チロル地方が原産地と考えられている。さわやかで果実の風味、快い酸味がある。ワインの色は非常に薄い赤で、若いうちに消費される。

6. 近年作付面積が急増しているHelfensteinerとHeroldrebeの赤ワイン用交配品種。色調が濃く、酸のしっかりとしたワインが造られる。

2 次の文章の（1）～（4）に当てはまる数字や言葉を下記から選びなさい。

　　Prädikatsweinは、収穫ぶどうの果汁の最低糖度がQualitätsweinよりも高く、発酵前の補糖を一切認めない天然純粋なワインで、（1　　）の限定生産地域内のさらに小さな区画である（2　　）という特定地区産のものに限られる。収穫ぶどうの糖度、新酒の化学分析、官能検査など検査内容は（3　　）よりさらに厳格になる。ドイツワインは、ワインのラベルにぶどう品種名、収穫年度、生産地域を表示する場合は、それぞれの項目の（4　　）％以上のぶどうを原料としなければならない。

（ア）13　　（イ）15　　（ウ）51　　（エ）75　　（オ）85
（カ）100　　（キ）Prädikatswein　　（ク）Qualitätswein　　（ケ）Bereich　　（コ）Grosslage

3 次はドイツの指定栽培地域の説明である。どの地域を説明したものか、地域名を選びなさい。

1. RheinhessenとMoselに挟まれた地域。ワインにとって最も重要な町はバート・クロイツナッハである。同名の川とその支流の両岸の急な斜面に沿った多種多様な土壌の上に広がっており、北部はロームと砂岩の多い土壌でそこから造られるワインはRheinhessenに似ている。南部は粘板岩質土壌でMoselのように爽やかな香りを持ったワインが造られる。主に栽培されている品種はRiesling、Müller-Thurgau、Dornfelderである。

2. 延々と続くぶどう畑は南北80kmに及ぶ。Wachenheim、Forst、Deidesheim等の村々からは洗練され且つ力強いRieslingのワインを造る。また、Müller-Thurgau、Silvanerから造られる心地よい芳香と風味にあふれるマイルドなワインが粘土と泥灰土の混ざった北部から生まれる。一方、石灰岩と粘土、黄土が混ざった南部からは軽く新鮮なワインが造られる。

3．ぶどう畑のほとんどはマイン川とその支流の両岸の斜面に集まっている。中心都市のWürzburgには Steinという有名な畑がある。Qualitäts wein以上はボックスボイテルと言う瓶が使われていることでも 有名である。ドイツワインの中で最も「男らしい」ワインで他と比べるとこくが強く、香りは弱く、辛口で引き締まった味わいである。Müller-Thurgau、Silvanerが主要品種で、その他、Bacchus、Kerner、Scheurebeなどの交配種も多い。

4．ハイデルベルクの北に位置する小さな生産地域で、ワインは風味が強く芳醇な香りがある。Rheingauの ワインよりこくがあり、酸味と上品さは少ない。主品種はRieslingでこれに次いでSpätburgunderがある。

5．ハイデルベルクから南のコンスタンス湖まで続く細長い生産地域。ワインの生産量としては3番目であるが、多様性の面では1番である。土質は砂岩や石灰岩、粘土から黄土や火山岩、貝殻石灰に至るまで多様である。赤ワイン用品種でSpätburgunderが多く栽培されている。またこの品種からWeissherbstのロゼワインが造られている。

6．ネッカー川とその支流の斜面に広がるワイン産地。シュトゥットガルト市がその中心である。ここで栽培されるTrollinger、Müllerrebe、Spätburgunder、Portugieser等から造られる赤ワインは果実味が豊かで飲みごたえのある味わいを持つ。また白ぶどう品種は、Riesling、Müller-Thurgau、Kerner、Silvaner などで力強いワインである。シラーヴァインの産地として知られる。

7．ぶどう畑は地域名と同名の川沿いに広がっている。栽培されている品種はほとんどがSpätburgunderやPortugieserなどの赤ワイン用品種で、最近は独特の果実味のあるワインだけでなく、樽熟したこくのあるタイプも造られている。生産されたワインのほとんどが地元で消費されている。

8．ボン市のすぐ南から始まり、ライン川沿いに100kmに渡って広がる地域。急斜面にぶどうが栽培されており、中には勾配が60度になるところがある。ゼクトの生産量が多い。

9．なだらかな丘陵地帯に囲まれた産地で、縦32km、横48kmほどの四角地帯にあるドイツワイン生産地域としては最大の産地。土壌と気候が多様性に富んでおり、色々な品種が栽培されている。リープフラウミルヒの故郷として有名。

10．ドイツワインの中で最も高級なワインを産する地域。かつて、有名な修道院や貴族が最高品質のRiesling を栽培し、さらにみがきをかけたのがこの地である。Botrytis cinerea菌による甘口のワインやSpätlese の遅摘み法を発見したのもこの地方の人々であった。恵まれた気候と理想的な土壌によってRieslingは完璧にまで熟成し、優雅なワインを生む。

11．蛇行する同名の川沿いは粘板岩質土壌を持ち、その急斜面にぶどう畑が広がっている。この地域のワインは香りが豊かで、色は淡く、果実味にあふれる強い酸味が特徴である。中にはスパイシーなワインや「火打ち石」のような香りを持つものもある。優雅な芳香のRieslingは、南に向いた急な斜面で多く栽培されている。ローマ時代から栽培されているElbling等がある。

12．エルベ川沿いの栽培地域で、栽培されている品種は、Müller-Thurgau、Riesling、Weissburgunder等が中心で、フルーティな酸味のしっかりとした辛口ワインが造られている。

13．ドイツ最北の栽培地域。ぶどう栽培の歴史は長く、ソフトで果実味のある辛口ワインが造られている。主な品種は、Müller-Thurgau、Weissburgunder等。

【Anbaugebiete】
　　⑦Ahr　　④Mittelrhein　　⑦Mosel　　④Nahe　　⑦Rheingau
　　⑦Rheinhessen　　④Pfalz　　⑦Hessische Bergstrasse　　⑦Franken　　⑨Württemberg
　　④Baden　　②Sachsen　　④Saale-Unstrut

4 次の特殊なドイツワインに関する問いに答えなさい。

1．Schillerwein について次の問いに答えなさい。
　（A）このワインが造られる地方はどこか。13の指定栽培地域名で答えなさい。
　（B）このワインの品質分類を答えなさい。
　（C）これと同じ方法で造られるワインをBadenではどのように呼ばれるか答えなさい。

2．収穫したぶどうの果汁を発酵させないで保存した、未発酵果汁の名前とその目的を答えなさい。

3．ラインラント・ファルツ州全体で100％ Riesling から造られるワイン。クヴァリテーツヴァインとSekt bAが認められているクラシックなスタイルのワインの名前を答えなさい。

4．生産地域はラインヘッセン、ファルツ、ラインガウ、ナーエで、味わいは中甘口に限られる。QbAのみで認められているフルーティで飲みやすいワインの名前を答えなさい。

5 次の問いの（　　）に当てはまる言葉を選びなさい。

1．ドイツのスパークリングワインはSektの他、弱発泡性ワインの（A　　）があり、炭酸の気圧は20℃で１気圧～（B　　）気圧である。

　①Perlwein　　②Frizzante　　③Schaumwein　　④1.5　　⑤2.5　　⑥3.5

2．Sektは格付けが４段階に分かれており、最も上の（C　　）は単一品種で自社畑の原料を使わなければならない。

　①Sekt b.A.　　②Deutscher Sekt　　③Winzersekt　　④Ortsweinsekt

3．Sektの残糖度が、12ｇ/ℓ以下は（D　　）、50ｇ/ℓ以上は（E　　）とラベルに表示されている。

　①Mild　　②Halbtrocken　　③Trocken　　④Extra Trocken　　⑤Brut　　⑥Extra Brut

4．白品種と赤品種を混ぜて造られるロゼワインを（F　　）という。（F　　）の産地で有名な地域はBadenと（G　　）で、BadenではBadisch-Rotgold、（G　　）では（H　　）と呼ばれる。

　①Saignée　　②Weissherbst　　③Schillerwein　　④Trollinger　　⑤Franken
　⑥Württemberg　　⑦Pfalz　　⑧Rotling　　⑨Shiraz

5．発酵していない（I　　）を加え、独特の甘さとフルッシさ、フルーティさを持つワインに仕上げる。これを、Süssreserve と言う。

　①マスト　　②酵母　　③果汁　　④水

6 次の「村名＋畑名」がある Anbaugebiete（指定栽培地域）を【A欄】から選びなさい。（重複可）

1．Zeller Shwarze Kats

2．Niersteiner Gutes Domtal

3．Erbcher Marcobrunn

4．Bernkasteller Doctor

5．Würzburger Stein

【A欄】

　　㋐Ahr　　㋑Mosel　　㋒Rheingau　　㋓Rheinhessen　　㋔Franken　　㋕Baden

7 次のマークがラベルに表示されていた。マークが意味することを次の中から選びなさい。

1．これはVDPの会員のワインで、Erste Lageに指定されていることを示す。

2．これはMoselに醸造所があるVDPの会員のワインで、Rieslingを100％使ったRiesling Sであることを示す。

3．これは最高級のワインを造るVDPの会員のワインであることを示す。

8 次のオーストリアのワイン産地名でDACに認定されている（1）〜（9）のDACが属する地方名を【A欄】から選びなさい。また、地図上の位置を番号で答えなさい。

（1） Kremstal
（2） Carununtum
（3） Neusiedlersee
（4） Mittelburgenland
（5） Eisenberg
（6） Traisental
（7） Weinviertel
（8） Südsteiermark
（9） Wachau

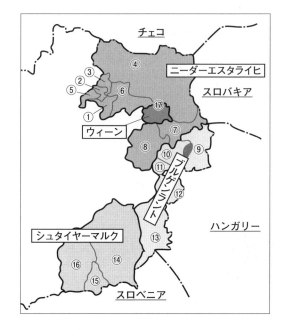

【A欄】

（ア） Niederösterreich
（イ） Wien / Vienna
（ウ） Burgenland
（エ） Steiermark

9 ニーダーエスタライヒ州のWachauでは独自の格付けを行っている。次の言葉を糖度の高い順に並べなさい。また、その意味を【A欄】より選びなさい。

①フェーダーシュピール
②スマラクト
③シュタインフェーダー

【A欄】

（ア） エメラルド色のとかげ
（イ） 野草
（ウ） 鷹狩の道具

10 　スイスのワインについて次の（　　）に当てはまる言葉や数字を選びなさい。（重複可）

1．Chasselasから造られる、Valais州の特徴的なワインは（ア　　）である。また、Pinot Noirと（イ　　）から造られる赤ワインを（ウ　　）と呼ぶ。

2．スイスで最初にAOCを導入したのは（エ　　）州で（オ　　）から造られるPerlanが有名。

3．スイスの州はカントンと呼ばれる。その中でイタリア語圏はマジョーレ湖周辺の（カ　　）州で、（キ　　）を原料に高品質な赤ワインが造られている。

4．スイスの白ワイン用として特に多い品種は（ク　　）である。

5．Pinot Noirから造られる「鶉の目」の名前がついた（ケ　　）は薄いロゼで（コ　　）州が産地である。

　　（a）Chardonnay　　（b）Chasselas　　（c）Merlot　　（d）Sylvaner　　（e）Riesling
　　（f）Gamay　　（g）Valais　　（h）Genève　　（i）Vaud　　（j）Neuchâtel　　（k）Ticino
　　（ℓ）Dôle　　（m）Fendant　　（n）Johannisberg　　（o）Oeil de Perdrix

11 　次はハンガリーの貴腐ワインに関する説明文である。（　　）に当てはまる言葉を選びなさい。

1．世界三大貴腐ワインを産する、（ア　　）地方を流れるティサ川から発生する霧によって10月下旬から11月にかけて貴腐菌が繁殖し、素晴らしい甘口ワインが造られる。

2．主要品種は（イ　　）である。

3．（ウ　　）とは、「糖蜜のような」「シロップのような」の意味である。

4．古くは貴腐菌の付いたぶどうの粒は、選別されプットニュと呼ばれる（エ　　）ℓ入りの背負い桶で醸造所に運ばれた。

5．貴腐ぶどうだけで造られた最高級品は（オ　　）で、最低残糖分は（カ　　）g／ℓ以上、樽熟成の期間は（キ　　）か月である。

6．（ク　　）とは「自然のままに」という意味で、最低残糖分が（ケ　　）g／ℓ以下の辛口は（コ　　）、（サ　　）g／ℓ以上の甘口は（シ　　）と表記する。

7．トカイの特徴はボトルにもあり、必ず決められた形状を用い、容量は（ス　　）mℓと決められている。

　　（A）4　　（B）9　　（C）12.1　　（D）18　　（E）27.1　　（F）45　　（G）90
　　（H）180　　（I）375　　（J）450　　（K）500　　（L）600　　（M）Aszú　　（N）Essencia
　　（O）Máslás　　（P）Szamorodni　　（Q）Kadarka　　（R）Riesling　　（S）Furmint
　　（T）Eger　　（U）Száraz　　（V）Fordítás　　（W）Édes　　（X）Tokaj

12 次はギリシャのワインやワイン産地の説明です。その産地名を選びなさい。

1. キクラデス諸島のひとつで火山噴火によってできた三日月形の島。強い風からぶどうの樹を守るために Kouloura というバスケット状に仕立てる栽培方法が行われている。

2. 北部のマケドニア地方を代表する産地で Xynomavro を主品種として造られる赤ワインで有名。

3. エーゲ海に浮かぶトルコの近くの島で、Muscat から造られる甘口ワインで知られている。

4. アテネ近郊のペロポネソス半島にある産地で「ヘラクレスの血」と呼ばれる Agiorgitiko から造られる赤ワインが有名で、その産地名がぶどう品種名としても使われる。

5. Savatinano を原料に醸造過程で松脂を加え味付けをするワインで、古くから飲まれている。

　①Samos　　②Crete　　③Santorini　　④トラキア　　⑤Naoussa　　⑥Retsina　　⑦Nemea
　⑧Attica　　⑨Mavrodaphne

13 次のギリシャの品種が赤品種ならば（R）、白品種ならば（B）を書きなさい。また次の2つの産地の主要品種を選びなさい。

　1. Savatiano 　　　　　　　　　　　　【産地】
　2. Xynomavro 　　　　　　　　　　（ア）　Naoussa
　3. Assyrtiko 　　　　　　　　　　　（イ）　Santorini
　4. Agiorgitiko

14 次はブルガリアのワイン産地の説明です。どの産地の説明か【A欄】より選んで記号で答えなさい。

1. 東部（黒海沿岸）

2. 南西部（ストゥルマ・リヴァー・ヴァレー）

3. 北部（ドナウ平原）

4. 南部（トラキア・ヴァレー）

5. 中央バルカン（サブ・バルカン）

【A欄】
　（ア）エーゲ海の影響を受け、ぶどう栽培に適した土地である。赤品種に優れ、メルニックに定評がある。
　（イ）ブルガリア最大のワイン産地で、栽培面積は全体の30％を占める。
　（ウ）昔からぶどう栽培が盛んな地域で、土着品種のディミャットをはじめ白品種に定評がある。
　（エ）ダマスクローズの産地として名高い。白ワインの生産が多く、新しい産地として注目されている。
　（オ）穏やかな大陸性気候で、東部はボルドー品種、西部は土着品種マヴルッドの故郷として知られる。

15 次のクロアチアの品種が赤品種ならば（R）、白品種なら（B）を書きなさい。またクロアチアで栽培されているぶどう品種の中で、最も生産量の多い品種を選びなさい。

　①グラシェヴィナ　②プラヴァッツ・マリ　③フランコヴカ　④マルヴァジア

16 ジョージアワインについて、次の問いに答えなさい。

1. ジョージアでは、素焼きの壺を地中に埋めワインを醸造する伝統的なワイン造りが続いているが、その壺の名称であり製法を書きなさい。

2．ジョージアのワイン生産量の90％以上を占めている地方名を書きなさい。

3．ジョージアで栽培面積が第１位のぶどう品種名を書きなさい。その品種は白ワイン用品種ですか、それとも赤ワイン用品種ですか。

17 モルドバでは４つの地域・名称がIGPとして登録されています。その中で、モルドバ全域で製造が許可されているワインスピリッツで、最低3年間オーク樽で熟成されるものを選びなさい。

　①ヴァルル・ルイ・トラヤン　②コドゥル　③シュテファン・ヴォダ　④ディヴィン

18 ルクセンブルグでは2015年から新AOP格付けが導入されました。次の格付けの意味するところを【A欄】から選びなさい。

1．Côte de

2．Coteaux de

3．Lieu-dit

【A欄】
　（ア）最上の畑のワイン
　（イ）優良な畑のワイン
　（ウ）調和のとれた日常ワイン

19 次のルーマニアの品種が赤品種ならば（R）、白品種なら（B）を書きなさい。またぶどう品種の日本語訳を【A欄】から選びなさい。

1．タマイオアサ・ロマネアスカ

2．バベアスカ・グリ

3．フェテアスカ・アルバ

4．バベアスカ・ネアグラ

5．フェテアスカ・レガーラ

【A欄】
　（ア）王家の乙女
　（イ）黒い貴婦人
　（ウ）グレーの熟女
　（エ）白い乙女
　（オ）ルーマニアの聖なる香り

20 スロヴェニアのワイン産地は３地域に分かれています。次の文章に該当するワイン産地を（A）〜（C）より選びなさい。

1．南東部でクロアチアとの隣接地域。複数品種のブレンドが多い。ロゼや白が中心である。

2．北東部のハンガリー平原の地域で、スロヴェニア最大の生産地域。豊かでアロマチックな白が主流である。

3．北西のイタリア国境沿いとその南に続くアドリア海沿岸地域。スロヴェニアでは一番温暖な地域で、赤

ワインの生産が生産量の約半数を占める。

（A）プリモルスカ
（B）ポサウイエ
（C）ポドラウイエ

21 次は英国のワインについての文章です。（ア）〜（エ）に当てはまる言葉や数字を選びなさい。また（A）
〜（C）に当てはまるぶどう品種名を書きなさい。

1．英国は北緯（ア　　）度に位置し、最北にあるワイン産地のひとつであるが、暖流の（イ　　）湾流の
影響を受け、南部は比較的温和な海洋性温暖気候である。

①42〜51　②47〜52　③49〜61　④カリフォルニア　⑤フンボルト　⑥メキシコ

2．（ウ　　）ワインが国際的に高い評価を受けるようになった。（ウ　　）ワインの生産が盛んになったこ
となどによって、ぶどう品種の（A　　）（B　　）（C　　）が栽培面積の上位に浮上している。

①白　②赤　③スパークリング　④フォーティファイド

25. ドイツ、その他のヨーロッパワイン　解答

1 1．グラウブルグンダー　2．リースリング　3．ケルナー　4．シュペートブルグンダー　5．トロリンガー
6．ドルンフェルダー
2 (1)（ア）　(2)（ケ）　(3)（ク）　(4)（オ）
3 1.㋑　2.㋖　3.㋘　4.㋐　5.㋙　6.㋙　7.㋐　8.㋑　9.㋑　10.㋑　11.㋒　12.㋛　13.㋜
4 1．(A) ヴュルテムベルク　(B) クヴァリテーツヴァインとプレディカーツヴァイン　(C) バーディッシュ＝ロート
ゴールド
2．(名前) ズースレゼルヴ　(目的) ドイツワイン独特の甘味とフルーティさを出す　3．リースリング・ホッホゲヴェ
ックス　4．リープフラウミルヒ
5 1．(A)①　(B)⑤　2．(C)③　3．(D)⑤　(E)①　4．(F)⑧　(G)⑥　(H)③　5．(I)③
6 1．イ．　2．エ．　3．ウ．　4．イ．　5．オ．
7 3．
8 (1)（ア）②　(2)（ア）⑦　(3)（ウ）⑨　(4)（ウ）⑫　(5)（ウ）⑬　(6)（ア）①　(7)（ア）④
(8)（エ）⑮　(9)（ア）⑤
9 ②（ア）⇒①（ウ）⇒③（イ）
10 （ア）(m)　（イ）(f)　（ウ）(ℓ)　（エ）(h)　（オ）(b)　（カ）(k)　（キ）(c)　（ク）(b)　（ケ）(o)　（コ）(j)
11 （ア）(X)　（イ）(S)　（ウ）(M)　（エ）(E)　（オ）(N)　（カ）(J)　（キ）(D)　（ク）(P)　（ケ）(B)　（コ）(U)　（サ）(F)
（シ）(W)　（ス）(K)
12 1．③　2．⑤　3．①　4．⑦　5．⑥
13 1．B　2．R　3．B　4．R　（ア）2　（イ）3
14 1．（ウ）　2．（ア）　3．（イ）　4．（オ）　5．（エ）
15 ①(B)　②(R)　③(R)　④(B)　最も生産量が多い品種　①
16 1．クヴェヴリ　2．カヘティ地方　3．ルカツィテリ（白）
17 ④
18 1．（ウ）　2．（イ）　3．（ア）
19 1．(B)(オ)　2．(B)(ウ)　3．(B)(エ)　4．(R)(イ)　5．(B)(ア)
20 1．(B)　2．(C)　3．(A)
21 1．（ア）③　（イ）⑥　2．（ウ）③　(A) シャルドネ　(B) ピノ・ノワール　(C) ピノ・ムニエ　(A)〜(C)は順
不同

26. ニューワールドと日本のワイン

1 次の表はCalifornia州、Oregon州、Washington州のラベル表記の規定に関する表です。品種名、産地名、収穫年を表記する場合の含有率を下記より選びなさい。(重複可)

	California 州	Washington 州	Oregon 州
品種	①	⑧	⑨
産地			
州名	②	75%	⑩
郡名	③	75%	⑪
AVA 名	④	100%	⑫
畑名	⑤	—	—
収穫年			
AVA 表示以外のワイン	⑥	85%	⑬
AVA 表示のワイン	⑦	95%	95%

注意：Oregon州は品種によって75%以上の場合もある。

（A）75%以上　（B）85%以上　（C）90%以上　（D）95%以上　（E）100%

2 次の国のワイン法及び、ラベル記載規定の表を見て（　　）に当てはまる数字や言葉を入れなさい。

	チリ	アルゼンチン	南アフリカ	カナダ
原産地呼称	DO	（C　　）	WO	《オ》(E　　) 《ブ》GI
品種	(A　　) %	85%	85%	(F　　) %
産地名	(B　　) %	80%	(D　　) %	州名 100% 地域名《オ》85% 《ブ》95%
収穫年	75%	85%	85%	《オ》85% 《ブ》95%

（注1：地域呼称は原産地呼称の規定）

（注2：品種は1種類の品種名をラベルに記載する時の最低含有比率）

（注3：《オ》はオンタリオ州、《ブ》はブリティッシュ・コロンビア州）

1．チリでラベルに品種名を書くときは一種類の場合は（A　　）%以上記載品種が含まれていなければならない。また、品種をブレンドする場合は多い順に（ア　　）種類まで表示することができる。

2．チリでは原産地呼称（DO）名をラベルに書く場合はその産地名のぶどうが（　B　）%以上使われていなければならない。

3．アルゼンチン原産地呼称は（C　　）で、認定を受けているのは（イ　　）か所である。

4．南アフリカで原産地呼称(WO)を表示する場合はその産地のぶどうを(D　　)%使用されていなければならない。

5．カナダの原産地統制呼称法は（ウ　　）、オンタリオ州の特定栽培地域は（E　　）という。カナダで品種をラベルに記載する場合は（F　　）%以上である。

3 **次の南アフリカワインに関する文章の（　　）に該当する言葉を書きなさい。**

1. 南アフリカで最初にワイン造りを行った人物は、（　　　）で、1659年のことだった。

2. その後、ワイン醸造技術を発展させたのは（　　　）教徒の（　　　）人だった。

3. 1918年には、南アフリカワイン醸造者協同組合（　　　）が設立された。

4. 1973年原産地呼称制度（　　　）が制定された。

5. 1990年代には（　　　）の崩壊によって経済制裁が中止され、輸出量を増やしている。

6. 南アフリカ独特の赤品種（　　　）は、Pinot Noirと（　　　）の交配品種である。

7. 南アフリカ最高の品質を誇り、ブティックワイナリーが多い産地は（　　　）地区である。

8. 瓶内二次発酵のスパークリングワインには（　　　）と表記される。

4 **次はカリフォルニア州やオーストラリアで使われているぶどう品種です。品種名を書きなさい。**

1. 徐々に高品質のワインが造られるようになった赤ワイン用品種。原産地がフランスのBourgogneであり、涼しいLos CarnerosやMontereyでの栽培が盛ん。また、スパークリングワインの原料品種としても需要が拡大している。

2. ロバート・モンダヴィ氏がFume Blancと別名をつけた1980年代からこの品種は人気が出てきた。

3. オーストラリアでポピュラーな白ワイン品種。軽く、フルーティな辛口ワインを造る。また、Sauvignon Blancとブレンドされることも多い。

4. クロアチアがそのルーツといわれ、California州の気候・風土によく合い、かつてはCalifornia州で最も栽培面積が広かった。個性が強く、長熟な赤ワインとなる。一方、1980年代から時代に合わせたBlush Wineがこの品種から造られるようになった。

5. ポール・マッソンが19世紀Bourgogne地方から持ち帰った品種で、フレッシュなワインが造られるためGamay種と思われていたが、最近の調査でPinot Noirのクローンであることが分かった。

6. ドイツの高級品種RieslingはCalifornia州やオーストラリアではWhite Riesling、Rhine Rieslingそしてもうひとつこの名前で呼ばれる。

7. ドイツ語でスパイシーの意味を持つ品種。名前の通り、花や香辛料を思わせる芳香の強いワインとなる。California州やオーストラリアでは辛口あるいはBotrytis cinerea菌の作用によって極甘口のワインを造る。

8. カリフォルニアで開発された交配種で、Cabernet SauvignonとCarignanから生まれた。

9. カリフォルニアで開発された交配種で、MuscadelleとRieslingから生まれた。

5 次のAVAの属する郡名を選びなさい。（重複可）

1. Calistoga
2. Chalk Hill
3. Chalone
4. Dry Creek Valley
5. Los Carneros
6. Paso Robles
7. Rockpile
8. Saint Helena
9. Santa Ynez Valley
10. Stags Leap Distric

（A）Alameda
（B）Mendcino
（C）Monterey
（D）Napa

（E）San Benito
（F）San Luis Obispo
（G）Santa Barbara
（H）Sonoma

6 次はNapa郡とSonoma郡のAVAの地図です。①〜⑧のAVA名称を選びなさい。

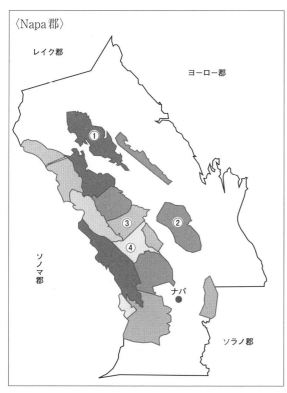

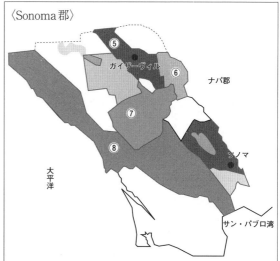

（A）Alexander Valley　（B）Howell Mountain　（C）Atlas Peak　（D）Oakville
（E）Russian River Valley　（F）Sonoma Coast　（G）Yountville　（H）Knights Valley

7 次の文章に当てはまるAVA名を【A欄】から選びなさい。

1．サンディエゴとロサンゼルスの間に位置する。ピアス病でかなりのぶどう畑が被害を受けたが、植え替えを余儀なくされたことにより、この地に適した高品質ワイン用ぶどうが栽培されるようになった。

2．冷涼な気候で、高品質なピノ・ノワールやシャルドネの産地として知られる。ピノ・ノワールの伝道師と呼ばれるジム・クレンデネンは、1982年にオー・ボン・クリマをこの地に設立した。

3．カリフォルニアにおけるピノ・ノワールのパイオニアの一人であるジョシュ・ジャンセンは、ブルゴーニュと同じ石灰質土壌を探し、1974年にこの地を見出し、カレラを創設した。

4．広大なAVAの中には多様な地域が存在するため、7つのサブAVAが認定されている。19世紀後半に植えられたZinfandelの古木が多く残っている地区があり、凝縮した味わいの赤ワインが造られる。

【A欄】
  （ア）Anderson Valley
  （イ）Edna Valley
  （ウ）Lodi
  （エ）Mount Harlan
  （オ）Santa Maria Valley
  （カ）Temecula Valley

8 パシフィック・ノースウエストとNew York州のワインに関する次の記述で、正しいものを選びなさい。

1．パシフィック・ノースウエストのワイン産地で生産量が最も多いのは＜①Washington州　②Oregon州　③Idaho州＞である。

2．全米2位のワイン産地は＜①Washington州　②New York州　③Oregon州＞である。

3．Washington州は＜①カスケード山脈　②ヴァカ山脈　③コロンビア川＞を境に西側は海洋性気候、東側は内陸性気候に分かれる。

4．Oregon州はPinot Noirの他、白品種の＜①Sauvignon Blanc　②Viognier ③Pinot Gris＞が有名である。

5．Washington州の州都シアトル近くにあるAVAは＜①Walla Walla Valley　②Puget Sound　③Yakima Valley＞である。

6．Oregon州最大の産地で海洋性気候の産地は＜①Umpqua Valley　②Willamette Valley ③Columbia Valley＞である。

7．New York州内陸部で近年でRieslingの産地として知られているのは＜①Long Island　②Wild Horse Valley　③Finger Lakes＞である。

8．New York州で栽培されているFrench Hybridとは＜①フランス系品種の交配種　②フランス人が交配した品種　③フランス系品種とアメリカ系品種の交配種＞である。

9．French Hybridの代表的な品種に＜①Baco Noir　②Steuben　③Delaware＞がある。

10．Washington州とOregon州にまたがる産地に＜①Yakima Valley　②Eden Valley　③Columbia Gorge＞がある。

⑨ カナダのワインについて次の問いに答えなさい。

1. British Columbia州最大の産地は次のうちどれか。また、その産地の位置を地図①〜⑤から選びなさい。

（あ）Okanagan Valley （い）Vancouver Island （う）Pelee Island

ブリティッシュ・コロンビア州

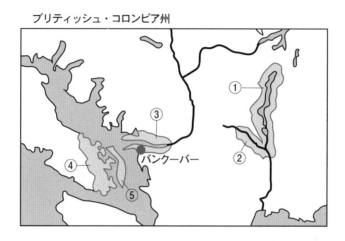

2. Ice Wineの産地が多いOntario州にあるDVAは次のうちどれか。また、その産地の位置を地図①〜③から選びなさい。

（あ）Niagara Peninsula （い）Fraser Valley （う）Hudson River Reigion

オンタリオ州

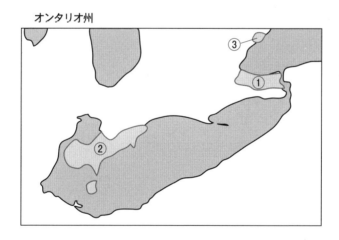

3. 次のカナダで栽培されている品種で、Ice Wineとして広く使われている交配品種はどれか。

（あ）Niagara （い）Baco Noir （う）Vidal

4. 1811年にカナダで初めてワイン造りを行った人物はだれか。

（あ）アーサー・フィリップ （い）サミュエル・マースデン （う）ジョン・シラー

5. Ontario州で最も生産量が多い（1）白ぶどう品種はどれか。また（2）黒ぶどう品種はどれか。

（あ）Chardonnay （い）Riesling （う）Sauvignon Blanc
（え）Cabernet Franc （お）Merlot （か）Pinot Noir

6．【A欄】の産地が属する州を【B欄】から選びなさい。（重複可）

【A欄】

   （1）Fraser Valley

   （2）Lake Erie North Shore

   （3）Prince Edward County

   （4）Similkameen Valley

【B欄】

   （あ）British Columbia州

   （い）Nova Scotia州

   （う）Ontario州

   （え）Quebec州

7．近年、Kelowna、Naramataなど5つのサブ・リジョンが制定された産地はどれか。

   （あ）Niagara Peninsula　（い）Okanagan Valley　（う）Similkameen Valley

10　次のオーストラリアワインに関する質問に答えなさい。

1．次の州を生産量の多い順に並べ替えなさい。

   （A）Victoria州　（B）New South Wales州　（C）South Australia州

   （D）Western Australia州　（E）Tasmania州

2．次の説明で正しい文章を選びなさい。

   （A）オーストラリアで生産量が最も多い赤品種はShirazである。

   （B）1788年最初にぶどうが栽培されたのはVictoria州にあるシドニー市である。

   （C）1993年原産地呼称のAVAが導入された。

3．ワイン産業の①発祥地と、その②州名を次の中から選びなさい。

   ①（A）Barossa Valley　（B）Yarra Valley　（C）Hunter　（D）Coonawarra
      （E）McLaren Vale

   ②（A）Victoria州　（B）New South Wales州　（C）South Australia州
      （D）Western Australia州　（E）Tasmania州

4．地理的呼称制度が制定された年を選びなさい。

   （A）1883年　（B）1983年　（C）1993年　（D）2003年

5．次のうちVarietal Blend Wineと言えるラベル表記を選びなさい。

   （A）Chardonnay Viognier　（B）Coonawarra Merlot　（C）Varietal Blend

11　次はオーストラリアのワイン産地の説明です。どの産地の説明か【A欄】より、またその産地のある州を【B欄】より選んで記号で答えなさい。

1．メルボルン市近郊の半島地域で、冷涼な気候から、Pinot NoirやChardonnayの栽培地として知られている。

2．太平洋から同名の川のある長い谷に沿ったワイン産地。オーストラリアで最も歴史の古い生産地である。

Semillonで造られる辛口白ワインが有名で、Botrytis cinereaの作用による甘口ワインも造られる。

3．パース市の南部にあるワイン産地で上質ワインの産地として知られている。地中海性気候の影響で温暖で適度の湿度もあり、ぶどう栽培に適している。

4．州都メルボルンを流れる同名の川の上流にあるワイン産地。一時衰退したが、ブティックワイナリーのブームによってワイナリーの数が増えて続けており、高品質ワインが造られている。

5．ドイツ人によって開拓されたオーストラリア最大のワイン産地。また、オーストラリアを代表するワイナリーの多くがこの産地にある。

6．赤ワイン、特にCabernet SauvignonのすばらしいワインがTerra Rossaと呼ばれる独特の土壌によって造られる。

7．メルボルンの南西、海岸沿いのある産地で海洋性気候の影響を強く受けている。この気候はChardonnayとPinot Noirの成熟に適しており、上質なワインが造られている。

8．アデレード近郊にあり、標高が400〜500mと高い産地。冷涼な気候により、ChardonnayやPinot Noirからのスティルワインとスパークリングを造る産地として知られている。

9．冷涼な気候で、バロッサ・ヴァレーに隣接したRieslingの伝統的産地である。

10．この産地の歴史は、ジョン・レイネルが1838年にレイネラにぶどうの木を植え、トーマス・ハーディを雇ったところから始まる。濃厚な風味の赤ワインと力強い白ワインが生産されている。

11．この産地名は、原住民のアボリジニの言葉で「丘のある巣」という意味をもつ。1850年代からの歴史のある産地で、雨量が少なく、昼夜の寒暖差が大きい気候である。

12．量産用ワイン向けの重要なぶどう栽培地域で、カセラ社の本拠地で「yellow tail」の原料供給地である。夏は暑く乾燥しており、雨は主に冬に降る。ぶどうの質は安定している。

13．1970年代半ばに入ってから商業用の規模をもつぶどう畑が開かれた。冷涼な気候を生かして、Pinot NoirやChardonnayの重要な生産地になりつつある。

14．穏やかな大陸性気候で、オーストラリアを代表するRiesling産地のひとつである。マウント・ロフティ・レーンジズの北部に位置し、1840年代初めにぶどう栽培とワイン生産が始まった。

15．1860年に設立されたタビルクは、オーストラリアで最も歴史のあるワイナリーのひとつである。1860年代に植えられたぶどうの木から今でもワインが造られている。

【A欄】
（ア）Margaret River　　（ケ）Clare Valley
（イ）Adelaide Hills　　（コ）Eden Valley
（ウ）Hunter　　（サ）Goulburn Valley
（エ）Yarra Valley　　（シ）Mudgee
（オ）Coonawarra　　（ス）McLaren Vale
（カ）Barossa Valley　　（セ）Riverina
（キ）Geelong　　（ソ）Tasmania
（ク）Mornington Peninsula

【B欄】
（A）ヴィクトリア州

（B）西オーストラリア州
（C）南オーストラリア州
（D）タスマニア州
（E）ニュー・サウス・ウェールズ州

12 次のニュージーランドのワインに関する問いに該当する番号を選びなさい。

1. 1819年サムエル・マースデンが・（　　　）にぶどう苗を植えたのがニュージーランドのぶどう栽培の始まりである。

　　① Keri Keri　②Waitangi　③Whakapirau

2. ニュージーランドのワイン産地の大半は、海に囲まれた海洋性気候だが、唯一（　　　）は年間降水量が少なく乾燥した半大陸性気候である。

　　① Canterbury　②Central Otago　③Nelson

3. 2015年ニュージーランドの産地別ぶどう栽培面積で、最も多いのは（A　　　）、次いで（B　　　）である。

　　① Canterbury　②Central Otago　③Gisborne　④Hawkes Bay　⑤Marlborough　⑥Nelson

4. 良質のPinot Noirで知られるMartingboroughをサブ・リジョンとする産地を選びなさい。

　　① Waikato　②Nelson　③Wairarapa　④Central Otago

5. Marlboroughには3つのサブ・リジョンがある。当てはまるものを1つ選びなさい。

　　① Wairau Valley　②Gibbston Valley　③Bannockburn

13 次のニュージーランドの産地の説明を読み、正しい言葉と地図上の位置を選びなさい。

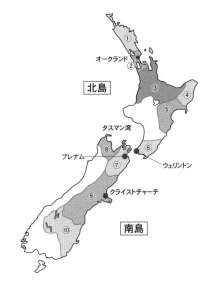

1. 北島にある＜（ア）Hawkes Bay （イ）Central Otago （ウ）Nelson＞はMerlotやCabernet Sauvignon、Sauvignon Blancなどが造られている。地図の（　　　）である。

2. 初めてブドウが植えられたのが1973年と新しい産地でありながら、Sauvignon Blancで一躍有名になった産地は＜（ア）Auckland （イ）Nelson （ウ）Marlborough＞で地図の（　　　）である。

3. もっとも南にあり涼しいことから近年Pinot Noirの生産で有名な産地は＜（ア）Canterbury （イ）Wairarapa （ウ）Central Otago＞で、地図の（　　　）である。

4. 西海岸の産地で、リースリング、シャルドネ、ピノ・グリ、ゲヴュルツトラミネールの品質の評価が高いのは＜（ア）Northland （イ）Auckland （ウ）Nelson＞で地図の（　　　）である。

5. ブルゴーニュ南部の気候に似ているといわれ、Pinot Noir、Chardonnay、Pinot Grisの栽培に適している産地は＜（ア）Gisborne （イ）Canterbury （ウ）Wairarapa＞で、地図の（　　　）である。

6. 日付変更線に近接する世界最東端のワイン産地で、ニュージーランドのシャルドネの首都と称されている産地は＜（ア）Gisborne （イ）Hawkes Bay （ウ）Nelson＞で、地図の（　　　）である。

14 チリのワインに関しての文章です。（　　　）に当てはまる言葉や数字を選びなさい。

1. チリのぶどう栽培地域は、南緯27度から39度の（A　　　）kmに広がっている。

① 800　② 1,000　③ 1,400　④ 2,000

2. 全体の気候は（B　　　）気候で、砂地で乾燥していること、ヨーロッパからぶどうを導入したのが1850年頃であったことから（C　　　）の害がないため、台木を使わずにぶどうが栽培されている。

①大陸性　②地中海性　③海洋性　④Virus　⑤Pouriture Gris　⑥Phylloxera

3. 1980年頃までMelrotとして栽培されていた品種は、実はPhylloxera害以前にBordeaux地方で栽培されていた（D　　　）であることが分かった。　①Petit Verdot　②Carmenère　③Pais

4. 産地構造はReigion（地域）の中に（E　　　）がある。ワイン産地は首都（F　　　）を中心に広がっている。

①サブ＝リジョン　②ベライヒ　③ヴァレー　④サンパウロ　⑤サンティアゴ　⑥ブエノス・アイレス

5. 太平洋に面したAconcaguaにあり、冷涼な気候でChardonney、Pinot Noir、Sauvignon Blancなどの品種で注目されているSub-Regionは（G　　　）である。

①Limarí Valley　②Curicó Valley　③Casablanca Valley　④Bío-Bío Valley

6. 南にあり涼しいワイン産地は（H　　　）である。

①Limarí Valley　②Curicó Valley　③Casablanca Valley　④Bío-Bío Valley

7. RegionのCentral Valleyは首都の南部に広がる古くからのワイン産地で、Maipo Valley、Rapel Valley、（I　　　）、Maule ValleyのSub-regionがある。

①Limarí Valley　②Curicó Valley　③Casablanca Valley　④Bío-Bío Valley

8. チリでワイン造りが始まったのは（J　　　）世紀のことである。

①15世紀　②16世紀　③17世紀　④18世紀　⑤19世紀

9. チリで新しく制定された原産地呼称表示の次のうちぶどうの栽培が最大の地域は（K　　　）である。

①Costa　②Entre Cordilleras　③Andes

10. Central Valley にあり、Sauvignon blanc の栽培面積が国内最大である Sub-Region は（L　　）である。

①Maipo Valley　②Rapel Valley　③Curicó Valley　④Maule Valley

15　次はチリの主要ワイン産地図です。【A欄】の産地名を地図の①〜⑧から、またその産地を説明している
文章を【B欄】から選びなさい。

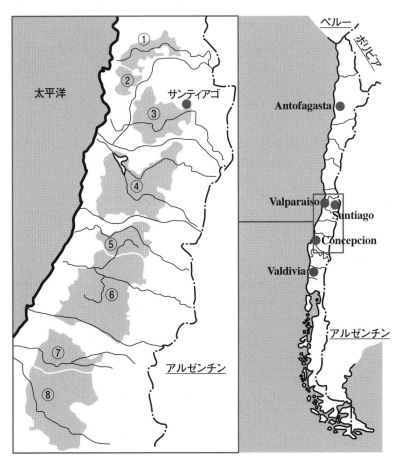

【A欄】

1．Itata Valley

2．Maipo Valley

3．Maure Valley

【B欄】

（ア）チリ最大のワイン産地で、気候はやや湿潤な地中海性気候である。DO Tutuvén Valley にあるカウ
ケネス産カリニャンが有名である。

（イ）植民地時代にコンセプシオン港湾都市の近くにぶどうが植えられた古い産地。Pais と Moscatel de
Alejandria が主だったが、近年 Chardonnay や Cabernet Sauvignon などの栽培が増えている。

（ウ）ぶどう栽培の歴史が古く、温暖で穏やかな地中海性気候だが、アンデスの麓の気温日較差は20℃に
達する。Cabernet Sauvignon の栽培面積が50％以上を占める。

（エ）緯度が低く日照が強いが、海の影響で冷たい風が吹きつける地域である。かつては生食用ぶどうの
栽培地だったが、近年冷涼地を求めて開発が進んでいる。

16　次のチリのワインに関する問いに該当する番号を選びなさい。

1．チリの西側の太平洋を流れている寒流は何か、選びなさい。

①ベンガラ海流　②フンボルト海流　③フォークランド海流

2．チリの伝統的な灌漑方法は何か、選びなさい。

①ドライ・ファーミング　②ドリップ・イリゲーション　③ナチュラル・イリゲーション

3．チリのぶどう栽培は16世紀半ば、スペインのカトリック伝道者が聖餐用のワインを造るため（　　）を
植えたことに始まる。（　　）にあてはまる品種を選びなさい。

①Carignan　②Carmenère　③Pais

4．チリのDOワインに、Reservaの品質表示を加える場合の規定を選びなさい。

①アルコール度数が法定最低アルコール度数より少なくても0.5％以上高く、独自の味香がある。

②アルコール度数が法定最低アルコール度数より少なくても0.5％以上高く、独自の味香があり樽熟成し
たワイン。

③アルコール度数が法定最低アルコール度数より少なくても1％以上高く、独自の味香がある。

5．次の産地で最も北に位置するのはどれか。

①Curicó Valley　②Limari Valley　③San Antonio Valley

6．Leyda Valleyはどのサブ・リジョンに属しているか。

①Aconcagua Valley　②Casablanca Valley　③San Antonio Valley

7．Cachapoal Valleyはどのサブ・リジョンに属しているか。

①Curico Valley　②Maipo Valley　③Maule Valley　④Rapel Valley

8．Colchagua Valleyはどのサブ・リジョンに属しているか。

①Curicó Valley　②Maipo Valley　③Maule Valley　④Rapel Valley

17 アルゼンチンワイン協会は、自国のワイン産地を3つの地方に分けています。【A欄】の州が属している
地方を【B欄】から、またその位置をワイン産地図の①〜⑥から選びなさい。（重複可）

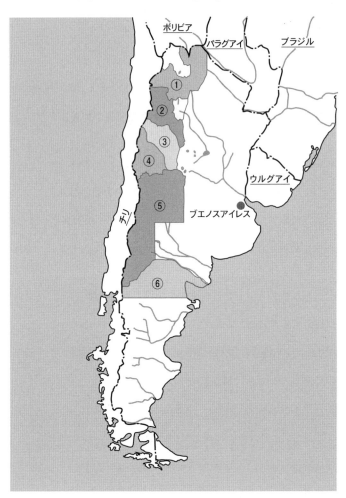

【A欄】

1．Mendoza州
2．La Rioja州
3．Río Negro州
4．Salta州
5．San Juan州

【B欄】

（ア）北部地方
（イ）クージョ地方
（ウ）パタゴニア地方

18 次は、アルゼンチンのワインに関しての文章です。（　　）に当てはまる言葉や数字を選びなさい。（重複可）

1．アルゼンチンワインの最大産地は、（a　　）州で、そこには2つのDOがある。それは、Lujan de Cuyoと（b　　）である。

①Salta　②La Rioja　③San Juan　④Mendoza　⑤San Rafael

2．黒ぶどう栽培面積の第1位は、（c　　）である。北イタリアでフィロキセラ害以前に多く栽培されていた（d　　）の栽培面積も大きい。

①Bonarda　②Cabernet Sauvignon　③Malbec　④Syrah　⑤Cereza

3．アルゼンチンを代表する白品種はスペインが原産でクリオージャ・チカとマスカット・オブ・アレキサンドリアの自然交配で生まれた（e　　）で、Muscatを思わせる香りを持つフルーティなワインとなる。代表的な産地は乾燥した北部の（f　　）州の（g　　）である。

①Alvariño　②Torrontés　③Bonarda　④Salta　⑤Mendoza　⑥Rio Negro　⑦Cafayate　⑧Maipú　⑨Valle de Uco　⑩San Rafael

4．（h　　）山脈の麓のMendoza州では、赤品種はフランスの南西地方、Cahorsが原産の（i　　）を中心に栽培され成功をおさめている。

①アンデス　②ロッキー　③ピレネー　④Tannat　⑤Malbec　⑥Syrah

5．San Juan州は、（j　　）が国際的に評価されている。

①Malbec　②Cabernet Sauvignon　③Syrah　④Merlot

19 次は南アフリカワインに関する説明です。下線部分が正しい場合は（○）を、誤っている場合は正しい言葉あるいは数字を書きなさい。

1．㋐1973年制定の原産地呼称制度の正式名は㋑Wine of Originで略して㋒WOという。この指定産地をラベルに書く場合は政府発行ステッカーの㋓添付義務がある。

2．ラベル表記は原産地呼称の場合は㋔75％以上、品種名、ヴィンテージは共に㋕85％以上である。

3．ワイン生産量は㋖世界のベスト10に入っている。ワイン生産が始まったのは㋗1759年で、その後、ナントの勅令の廃止によってフランス宗教弾圧から逃れた㋘ユダヤ教徒によってスパークリングワインが造られるようになった。

4．瓶内二次発酵のスパークリングワインには㋙Methode Classiqueの表記がある。

5．南アフリカでは㋚Sauvignon BlancをSteenと呼んでいた。また、㋛Pinot NoirとSyrahの交配種Pinotageがある。ピレネー地方から伝わったCape Rieslingは㋜Rieslingと同じであり、㋝Paarl Rieslingとも呼ばれる。

6．代表的な産地はCoastal地方の㋞Stellenbosch、㋟Paarl、㋠Constantiaである。

7．2010年ヴィンテージからは、サステイナブル認証制度㋡KWVの認証シールが導入されている。

20 次は南アフリカの主要ワイン産地図です。【A欄】の産地名を地図の①〜㉓から、またその産地を説明している文章を【B欄】から選びなさい。

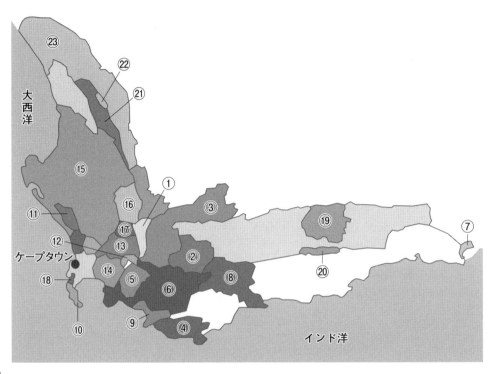

【A欄】

1. Constantia
2. Darling
3. Elgin
4. Franschhoek
5. Paarl
6. Robertson
7. Stellenbosch
8. Swartland
9. Walker Bay
10. Worcester

【B欄】

（ア）南アフリカ最大のぶどう栽培面積を誇るワイン産業の中心地である。ぶどう栽培と醸造学部のある大学もある。1971年には南アフリカ初のワインルートが設立され、西ケープ州最大の観光スポットとなっている。

（イ）南アフリカの最大輸出メーカーであるKWVのホームタウンであり、同国で2番目に古いワインルートがある。地名の由来となった花崗岩の山は、山頂が丸く、朝日の中で真珠のように輝くことから命名された。

（ウ）フランス系移民が多く、フランスの影響が強く感じられるグルメタウンである。瓶内二次発酵のスパークリングの産地としても名高い。

（エ）大西洋からの冷涼な海風の影響を受けるこの地区は、高品質なソーヴィニヨン・ブランの先駆者的存在である。

（オ）西ケープ州最大の地区（District）である。近年ではこの地区のテロワールを反映した高品質なワインを目指す生産者がSIPを結成し、新しい取り組みを始めている。

（カ）南アフリカワイン発祥の地で、18 〜 19世紀にヨーロッパの貴族たちに愛された甘口デザートワインが造られた。

（キ）石灰質が豊富な土壌で、良質な白ワイン、なかでもシャルドネに定評がある。瓶内二次発酵のスパークリングの評価も高い。また競走馬の飼育地やバラの産地としても知られる。

（ク）ブレード・リヴァー・ヴァレー地域の中心地である。1918年に発足したKWVのブランデー蒸留所があり、ブランデーの一大産地となっている。

（ケ）標高が高く冷涼な気候であるこの地区は長らく果実、なかでもりんごが多く栽培されてきた。近年ではブティックワイナリーも増えており、シャルドネやリースリング、ソーヴィニヨン・ブラン、ピノ・ノワールなどが高く評価されている。

（コ）ホエールウォッチングで名高いハーマナスやスタンフォードの街を含む地区である。冷たい海風による冷涼な気候である。高品質なシャルドネとピノ・ノワール、安定して品質の高いピノタージュで知られる。

21 次の日本産ワインの分類、表示に関する文章が正しければ（○）を、誤りならば（×）を書きなさい。

1．日本のワインは、国税庁管轄の「酒税法」に基づいて規定されている。酒税法によると、ワインは果実酒類に分類され、果実酒類は更に果実酒と甘味果実酒に細分される。

2．果実、糖類を原料とし発酵させたもので、アルコール度数15度未満のものは果実酒に分類される。

3．補糖していなくても、アルコール度数が15度を超えると甘味果実酒に分類される。

4．アルコールの添加量が多くても、辛口のフォーティファイドワインは甘味果実酒には分類されない。

5．果実酒で補糖に許される糖類は、砂糖、ぶどう糖、果糖に限られる。

6．2015年10月国税庁告示によるワインの表示ルールによって、国内原料ぶどうを一部使用した場合は、「日本ワイン」と表示できる。

7．国内原料ぶどうを100％使用した場合、産地、品種、収穫年をそれぞれ75％以上を満たしていれば、産地名、品種名、収穫年を表示できる。

22 日本のワインの特徴についての説明が正しい場合は（○）を、誤っている場合は（×）を書きなさい。

1．県別の国産ぶどうを使用したワインの生産量が多い順は、山梨県、長野県、次いで北海道である。

2．日本のワイン用品種を育種した新潟の栽培家川上善兵衛が創出した品種にはマスカット・ベーリー A、ヤマ・ソーヴィニョン、ローズ・シオタがある。

3．地理的表示「山梨」を表示する条件の１つに、「山梨県産のぶどうを原料とし、山梨県内で発酵、瓶詰めしたもの」がある。

4．日本ではアルコール度１％以上をアルコール飲料と定義している。

5．甲州種の発見には２つの説がある。そのひとつが勝沼で雨宮勘解由が1186年に発見したという説である。これはもうひとつの修行僧行基が伝えたという説よりも古い年代である。

6．最近は品質と原料ぶどうの産地が重要視されるようになり、原産地呼称管理制度を制定している県がある。この制度を最初に取り入れたのは長野県である。

7．長野県ではMerlotが有名であり、その中でも塩尻市にある桔梗ヶ原は有名である。

8．寒冷地の北海道ではドイツ系の品種のKernerやBacchusの栽培が行われている。

9．日本で育種された品種には甲斐ノワール、ブラック・クィーン、アムレンシスなどがある。

10．甲州種は山梨県が多いが、山形県でも栽培されており、最近はSur Lieや樽熟成などを行い、甘口から辛口まで幅広いワインが造られるようになった。

11．山梨県のぶどう栽培地は、勝沼、塩山、一宮、上田など甲府盆地が中心である。

23 次は長野県の信州ワインバレーの地図です。【A欄】の地域を地図①～④から、またその地域に属する市を【B欄】から選びなさい。

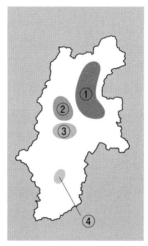

【A欄】
　　1．日本アルプスワインバレー
　　2．天竜川ワインバレー
　　3．桔梗ヶ原ワインバレー
　　4．千曲川ワインバレー

【B欄】
　　（ア）東御市　（イ）塩尻市　（ウ）松本市　（エ）伊那市

24 次のワイナリーがある都道府県を選びなさい。（重複可）

1．安心院葡萄酒工房	（ア）北海道	
2．池田町ブドウ・ブドウ酒研究所	（イ）岩手県	
3．井筒ワイン	（ウ）山形県	
4．エーデルワイン	（エ）栃木県	
5．岩の原葡萄園	（オ）山梨県	
6．ココ・ファーム・ワイナリー	（カ）新潟県	
7．ダイヤモンド酒造	（キ）長野県	
8．タケダワイナリー	（ク）京都府	
9．都農ワイン	（ケ）鳥取県	
10．丹波ワイン	（コ）大分県	
11．白百合醸造	（サ）宮崎県	
12．北条ワイン醸造所		

26. ニューワールドと日本のワイン　解答

1　①A　②E　③A　④B　⑤D　⑥B　⑦D　⑧A　⑨C　⑩D　⑪D　⑫D　⑬D

2　(A) 75%　(B) 75%　(C) DOC　(D) 100%　(E) DVA　(F) 85　(ア) 3　(イ) 2　(ウ) VQA

3　1. ヤン・ファン・リーベック　2. ユグノー、フランス　3. KWV　4. ワイン・オブ・オリジン (WO)
　　5. アパルトヘイト　6. ピノタージュ、サンソー　7. ステレンボッシュ　8. キャップ・クラシック

4　1. ピノ・ノワール　2. ソーヴィニヨン・ブラン　3. セミヨン　4. ジンファンデル　5. ガメイ・ボジョレ
　　6. ヨハニスベルク・リースリング　7. ゲヴュルツトラミネール　8. ルビー・カベルネ
　　9. エメラルド・リースリング

5　1. (D)　2. (H)　3. (E)　4. (H)　5. (D) と (H)　6. (F)　7. (H)　8. (D)　9. (G)　10. (D)

6　① (B)　② (C)　③ (D)　④ (G)　⑤ (A)　⑥ (H)　⑦ (E)　⑧ (F)

7　1. (カ)　2. (オ)　3. (エ)　4. (ウ)

8　1. ①　2. ①　3. ①　4. ③　5. ②　6. ②　7. ③　8. ③　9. ①　10. ③

9　1. (あ) ①　2. (あ) ①　3. (う)　4. (う)　5. (1) (あ)　(2) (え)　6. (1) (あ)　(2) (う)　(3) (う)　(4) (あ)　7. (い)

10　1. (C)−(B)−(A)−(D)−(E)　2. (A)　3. ① (C) ② (B)　4. (C)　5. (A)

11　1. (ク) (A)　2. (ウ) (E)　3. (ア) (B)　4. (エ) (A)　5. (カ) (C)　6. (オ) (C)　7. (キ) (A)　8. (イ) (C)
　　9. (コ) (C)　10. (ス) (C)　11. (シ) (E)　12. (セ) (E)　13. (ソ) (D)　14. (ケ) (C)　15. (サ) (A)

12　1. ①　2. ②　3. A⑤ B④　4. ③　5. ①

13　1. (ア) ⑤　2. (ウ) ⑦　3. (ウ) ⑩　4. (ウ) ⑧　5. (ウ) ⑥　6. (ア) ④

14　(A) ③　(B) ②　(C) ⑥　(D) ②　(E) ①　(F) ⑤　(G) ③　(H) ④　(I) ②　(J) ②　(K) ②　(L) ③

15　1. ⑦ (イ)　2. ③ (ウ)　3. ⑥ (ア)

16　1. ②　2. ③　3. ③　4. ①　5. ②　6. ③　7. ④　8. ④

17　1. (イ) ⑤　2. (イ) ③　3. (ウ) ⑥　4. (ア) ①　5. (イ) ④

18　(a) ④　(b) ⑤　(c) ③　(d) ①　(e) ②　(f) ④　(g) ⑦　(h) ①　(i) ⑤　(j) ③

19　1. ⑦○　⑦○　⑦○　⑤○　　2. ⑦100　⑦○　3. ⑧○　⑦1659　⑦ユグノー教徒　4. ⑨Cap Classic
　　5. ⑪シュナン・ブラン　⑫ピノ・ノワールとサンソー　⑧クルシャン　⑧○　　6. ⑦○　⑨○　⑦○　⑦IPW

20　1. ⑱ (カ)　2. ⑪ (エ)　3. ⑤ (ケ)　4. ⑫ (ウ)　5. ⑬ (イ)　6. ② (キ)　7. ⑭ (ア)　8. ⑮ (オ)　9. ⑨ (コ)　10. ③ (ク)

21　1. ○　2. ○　3. ×　4. ×　5. ○　6. ×　7. ×

22　1. ○　2. ×　3. ○　4. ○　5. ×　6. ○　7. ○　8. ○　9. ×　10. ○　11. ×

23　1. ② (ウ)　2. ④ (エ)　3. ③ (イ)　4. ① (ア)

24　1. (コ)　2. (ア)　3. (キ)　4. (イ)　5. (カ)　6. (エ)　7. (オ)　8. (ウ)　9. (サ)　10. (ク)　11. (オ)　12. (ケ)

27. スピリッツとリキュール

1　Cognac と Armagnac の説明にあてはまる言葉を【A欄】より選びなさい。

1．最も石灰岩土壌が顕著で、最高品質の Cognac を産する地区。

2．石灰岩土壌で、2番目に品質の高い Cognac を産する地区。

3．珪土を含む粘土質の小さな土地で、多くはブレンド用に使われる地区。

4．Grand-Champagne のスピリッツを50％以上、残りを Petite-Champagne のスピリッツをブレンドした Cognac の AOC 名。

5．Cognac 地方で造られる VdL の名前とその色のタイプ。

6．Cognac の代表品種の Ugni-Blanc のこの地方の呼称名。

7．Cognac の Vin-Mousseux の調整に使う3回蒸留の Cognac の名前。

8．Cognac の熟成樽の容量（ア）と Armagnac の熟成樽の容量（イ）。

9．最も砂質が顕著で、最高品質の Armagnac を産する地区。

10．2番目に品質の高い Armagnac を産する地区。

11．Armagnac 地方で造られる VdL の名前とその色のタイプ。

12．無色の Armagnac の名前。

【A欄】

①Fine Champagne　②Petit Champagne　③Grand Champagne　④Borderies　⑤Esprit de Cognac
⑥Haut Armagnac　⑦Armagnac Tenareze　⑧Bas Armagnac　⑨Blanche Armagnac
⑩Pineau de Charantes　⑪St Emilion　⑫Floc de Gascogne　⑬RrB　⑭rB　⑮400ℓ　⑯300 ～ 350ℓ

2　Calvados に関する次の問いに答えなさい。

1．次の説明で正しい文章を選びなさい。

　　①Calvados の原料はりんごのみであるが、その種類は230種類に及ぶ。
　　②Calvados の原料はりんごと洋梨とプラムである。
　　③Calvados の原料はりんごと洋梨である。

2．Calvados の蒸留方法は次のうちどれか。

　　①単式蒸留器で2回蒸留
　　②単式蒸留器で1回蒸留
　　③単式蒸留器で2回蒸留、又は連続式蒸留器で1回蒸留

3．Calvados の AOP は3地区がある。それは、Calvados、Calvados du Pays d'Auge ともう一つは何か。次から答えなさい。

　　①Normandy
　　②Bretagne
　　③Calvados Domfrontais

4．CalvadosのVdLを次から選びなさい。

　①Domfront
　②Pommeau de Normandie
　③Calvados Domfrontais

3　次は色々なスピリッツの説明である。関係する言葉を下記から選びなさい。

1．イタリア全土でワインやぶどうの滓から造られるスピリッツで、その発祥地はVeneto州と言われている。無色透明のものが多いが、最近は樽熟したものが多く出回っている。

2．洋梨を原料に造られるスピリッツで、Alsace-Lorraine地方、スイス、ドイツ等で生産が多い。

3．Malt WhiskyとGrain Whiskyをブレンドして造られる。

4．ドイツ語ではKirschwasser、フランス語ではEau-de-Vie de Cerisesと呼ばれるスピリッツの原料。

5．Champagne地方やBourgogne地方などで、ワインの滓で造られるスピリッツ。

6．ラム酒の原料となる植物。

7．西インド諸島のフランス領で造られるRhum AgricoleのAOPがある島の名前。

8．Grain Whiskyは大麦麦芽20％と、残りはある穀類を原料としている。それは何か。

9．同一蒸留所のMalt Whisky原種のみを使用したウィスキー。

10．日本語で「命の水」と訳されるスピリッツのフランスでの呼び名。

（あ）木イチゴ	（け）雑穀	（ち）Martinique
（い）洋梨	（こ）Malt Whisky	（つ）Eaux-de-Vie
（う）さくらんぼ	（さ）Grain Whisky	（て）Eaux-de-Vie de Marc
（え）スモモ	（し）Blended Whisky	（と）Grappa
（お）小麦麦芽	（す）Single Malt Whisky	（な）Passano de Grappa
（か）ジャガイモ	（せ）リュウゼツ蘭	（に）ヴェニス
（き）トウモロコシ	（そ）サトウキビ	（ぬ）Eaux-de-Vie de Poire Williams
（く）ピート	（た）キューバ	（ね）Eaux-de-Vie de Mirabelle

④ 次のリキュールを果実系、薬草系、種子系に分けなさい。また、風味付けの原料を選びなさい。

　　①Cointreau　②Chartreuse　③Bénédictine　④Campari　⑤Pernod　⑥Suze　⑦Créme de Cassis
　　⑧Maraschino　⑨Sambuca　⑩Amarette

【風味付けの原料】
　　⑦オレンジの果皮　④カシス　⑦桃　⑤チェリー　⑦130種類の薬草　⑦ミント
　　⑦27種類の薬草　⑦にわとこの実と甘草　⑦ビター・オレンジやりんどうの根など　⑤りんどうの根
　　⑦アニス　⑤あんずの核

	名称	風味付けの原料
果実系		
薬草系		
種子系		

27. スピリッツとリキュール　解答

① 1. ③　2. ②　3. ④　4. ①　5. ⑩、⑬　6. ⑪　7. ⑤　8.（ア）⑯　（イ）⑮　9. ⑧　10. ⑦　11. ⑫、⑭
　12. ⑨
② 1. ③　　2. ③　　3. ③　　4. ②
③ 1.（と）　2.（ぬ）　3.（し）　4.（う）　5.（て）　6.（そ）
　7.（ち）　8.（き）　9.（す）　10.（つ）

④

果実系	①	⑦
	⑦	④
	⑧	⑤
薬草系	②	⑦
	③	⑦
	④	⑦
	⑤	⑦
	⑥	⑤
	⑨	⑦
種子系	⑩	⑤

28. ワインと料理

1 次の料理または食材に合うワインを重複しないように選びなさい。

1．キャビア	(A) Clos-de-Vougeot
2．エスカルゴのブルギニョン	(B) Ch. Batailley
3．フォアグラ	(C) Jurançon
4．伊勢海老のテルミドール	(D) Chablis
5．仔羊の香草ソース	(E) Meursault Blanc
6．鴨のオレンジソース	(F) Champagne Blanc de Blancs

2 次の文章で、誤っているものを2つ選びなさい。

1．新鮮な的矢牡蠣には、Chablis や Muscadet と合わせるのが一般的である。

2．Bouillabaisse には、サフラン、ガーリックなど香りの強い香辛料を使っているので、合わせるワインは Puligny-Montrachet などが良い。

3．チョコレートを使ったデザートには Banyuls や Armagnac が合う。

4．Coq au Vin はボルドー地方の伝統料理なので、合わせるワインはメドック格付けの Ch. Léoville Las Cases が良い。

5．Quiche Lorraine は、ロレーヌ地方の料理だが、軽いスナック程度の料理なので Vin d'Alsace Riesling の爽やかですっきりした味わいが合う。

3 次のフランスの地方料理名から、【A欄】より産地、【B欄】より合うワインを選びなさい。(【A欄】のみ重複可)

① Escargots à la Bourguignonne　ブルゴーニュ風エスカルゴの殻焼き
② Rillettes de Tours　トゥール風豚肉の練り物
③ Confit de Canard　鴨のコンフィ
④ Brochet au Beurre Nantais　川かますのブール・ナンテ
⑤ Salade Niçoise　ニース風サラダ
⑥ Jambon Persillé　ハムとパセリのゼリー寄せ
⑦ Choucroute　キャベツの塩漬け
⑧ Huîtres au Champagne 牡蠣のシャンパーニュ
⑨ Quiche Lorraine　ロレーヌのキッシュ
⑩ Lamproie à la Bordelaise　八つ目うなぎのボルドー風
⑪ Tapenade　タプナード
⑫ Fondue Savoyarde　サヴォワのフォンデュ
⑬ Agneau de lait　乳飲み仔羊のロースト
⑭ Bouillabaisse　ブイヤベース
⑮ Cassoulet　カスレ
⑯ Coq au Vin　雄鶏の赤ワイン煮

【A欄】

1. Bordeaux　　2. Bourgogne　　3. Val de Loire　　4. Vallée du Rhône　　5. Alsace

6. Jura / Savoie　　7. Provence　　8. Languedoc-Roussillon　　9. Sud-Ouest

10. Champagne

【B欄】

ア. Corbières Rouge		ケ. Cahors	
イ. Gevrey-Chambertin		コ. Vins de Provance Blanc	
ウ. Muscadet		サ. Pomerol	
エ. Alsace Pinot Blanc		シ. Cassis Blanc	
オ. Touraine Rosé		ス. Alsace Sylvaner	
カ. Macon-Villages		セ. Vin de Savoie-Crépy	
キ. Chablis		ソ. Pauillac	
ク. Côtes de Provance Rouge 又は Rosé		タ. Champagne	

4　次のイタリアの地方料理名から、【A欄】より州名、【B欄】より合うワインを選びなさい。（重複可）

① Prosciutto di San Daniele　サンダニエーレ産生ハム

② Bresaola　牛肉のハム

③ Caponata　カポナータ

④ Saltimbocca alla Romana　仔牛肉と生ハムの小麦粉焼き、ローマ風

⑤ Ossobuco alla Milanese　仔牛のすね肉の煮込み、ミラノ風

⑥ Fegato alla Veneziana　仔牛のレバーと玉ねぎの炒め、ヴェネチア風

⑦ Bistecca alla Fiorentina　T-ボーンステーキ、フィレンツェ風

⑧ Bottarga　からすみ

⑨ Tagliatelle alla Bolognese　タリアテッレ・ミートソース、ボローニャ風

⑩ Spaghetti alla Vongole　あさりのスパゲティ

⑪ Prosciutto di Parma　パルマ産生ハム

【A欄】

1. Marche　　2. Abruzzo　　3. Campania　　4. Friuli-Venezia-Giulia

5. Sicilia　　6. Piemonte　　7. Veneto　　8. Calabria

9. Liguria　　10. Trentino-Alto-Adige　　11. Lazio　　12. Puglia

13. Molise　　14. Sardegna　　15. Lombardia　　16. Valle d'Aosta

17. Basilicata　　18. Umbria　　19. Toscana　　20. Emilia-Romagna

【B欄】

ア. Sangiovese di Romagna		ク. Frascati Secco	
イ. Valpolicella		ケ. Ischia Bianco	
ウ. Vernaccia di Oristano		コ. Oltrepo Pavese Rosso	
エ. Valtellina Superiore		サ. Chianti Classico	
オ. Barolo		シ. Etna Bianco	
カ. Lambrusco di Sorbara		ス. Colli Orientali del Friuri	
キ. Franciacorta			

5 次はフランスの代表的なAOPチーズです。それぞれのタイプを【A欄】より、産地を【B欄】より選び
   なさい。（重複可）

1. Reblochon
2. Comté
3. Fourme d'Ambert
4. Sainte Maure de Touraine
5. Brie de Meaux
6. Crottin de Chavignol
7. Valençay
8. Roquefort
9. Pont l'Evêque
10. Munster
11. Epoisses
12. Chaource

【A欄】
①白カビ　②シェーヴル　③青カビ
④ウォッシュ　⑤圧搾（セミハード／ハード）

【B欄】
⑦　ブルゴーニュ
⑦　ヴァル・ド・ロワール
⑦　オーヴェルニュ（中央部）
⑦　ノルマンディ（北西部）
⑦　アルザス
⑦　サヴォワ
⑦　フランシュ・コンテ（ジュラ）
⑦　イル・ド・フランス（パリ市近郊）
⑦　シャンパーニュ
⑦　ラングドック／南西地方

6 次のイタリアとスペインのチーズの説明文を読んで正しいものを３つ選びなさい。

1. チーズの原産地呼称制度はフランスではAOP、イタリアではDOP、スペインではDOと呼ばれワインと
   同じである。

2. 現在スペインで原産地呼称を取得しているチーズは30種類以上ある。

3. Gorgonzolaはイタリアを代表するウォッシュタイプのチーズでPiemonte州、Lombardia州で造られてい
   る原産地呼称チーズである。

4. スペインはチーズをQueso（ケソ）という。有名なManchegoは広大なLa Mancha地方で造られる圧搾
   タイプである。

5. Parmigiano Reggianoは、生ハムで有名なEmilia-Romagna州産のチーズである。

6. ソフトタイプ（ウォッシュ）のTaleggioには同じ州で造られるFranciacorta Rosatoを、圧縮タイプの
   Pecorino ToscanoにはコクのあるBrunello di Montalcinoを合わせると良い。

28. ワインと料理　解答

1 1.（F）　2.（D）　3.（C）　4.（E）　5.（B）　6.（A）
2 2.　4.（順不同）
3 ①2. キ.　②3. オ.　③9. ケ.　④3. ウ.　⑤7. コ.　⑥2. カ.　⑦5. ス.　⑧10. タ.　⑨5. エ.　⑩1. サ.　⑪7. ク.
   ⑫6. セ.　⑬1. ソ.　⑭7. シ.　⑮8. ア.　⑯2. イ.
4 ①14. ス.　②15. エ.　③5. シ.　④11. ク.　⑤15. コ.　⑥7. イ.　⑦19. サ.　⑧14. ウ.　⑨20. ア.　⑩3. ケ.
   ⑪20. カ.
5 1.⑤　カ　2.⑤　キ　3.③　ウ　4.②　イ　5.①　ク　6.②　イ　7.②　イ　8.③　コ　9.④　エ　10.④　オ
   11.④　ア　12.①　ケ
6 4.　5.　6.（順不同）

29. ワインのサービスと管理、ワインのテイスティング方法

1 次のワインサービスに関する説明で誤っている文章を３つ選びなさい。

1. ワインの適温は重要で、甘口の白ワインとChampagneなどのスパークリングワインは6℃〜8℃でサービスして良い。
2. Chambréとは室温を意味するが、実際の温度は18度以下である。この温度でBourgogne地方の赤ワインをサービスして良い。
3. Décantageは瓶に澱がある古いワインの澱を取り除くために行う作業なので、若いワインでは一切行わない。
4. Décantageの目的は澱を取り除くことであるが、抜栓したワインの酸化を促し、覚醒させる効果がある。
5. Décantageに使うろうそくなどの光源はワインを温める役目をする。
6. ワインの保管温度は12℃〜15℃が良く、湿度はラベルにカビが着かないように50%以下に抑えるほうが良い。

2 次のワインの香りについての記述の中から、誤っているものを１つ選びなさい。

1. 第一アロマとは、原料ぶどうに由来する香りで、果実や花、香草などの香りが挙げられる。
2. 第二アロマとは、熟成によって現れる香りで代表的なものには、なめし皮、森の下生え、腐葉土、などがある。
3. 第三アロマをブーケともいう。
4. コルキーまたはブショネとは、コルクのカビによるオフ・フレーヴァーで、その原因はTCAという化学物質である。
5. 第二アロマとは、アルコール発酵やマロラクテック発酵によって生成される香りである。

3 シャンパーニュ地方やボルドー地方では伝統的に大きなサイズのボトルで瓶詰めが行われている。次の文章で誤っているものを４つ選びなさい。

1. シャンパーニュ地方のJéroboamはBouteilleの4本分で3,000㎖である。
2. シャンパーニュ地方のJéroboamはボルドー地方のJéroboamとはサイズが異なる。
3. 最も大きなNabuchodonosorはMagnum 20本分のサイズである。
4. シャンパーニュ地方のJéroboam 2本分はMathusalemと同じ量である。
5. Quartとは375㎖の量である。
6. ボルドー地方のImpérialとシャンパーニュ地方のRéhoboamは同じサイズである。
7. シャンパーニュ地方にはBouteille 18本分の大きさのボトルは存在しない。
8. Mathusalem, Balthazar, Salmanazarで最もサイズが大きいのはSalmanazarである。
9. ボルドー地方のImperialをBouteilleサイズに移しかえると8本分になる。
10. シャンパーニュ地方のBalthazarとボルドー地方のImperialを比べるとBalthazarのほうが容量は多い。

4 熟成に使われる樽の名称や容量は国や地方によって異なる。次の樽の説明の（　　）に適当な言葉や数字を選び文章を完成させなさい。

1. ボルドー地方では熟成樽を（あ　　）と呼び、容量は（い　　）ℓである。
2. ブルゴーニュ地方とシャンパーニュ地方は樽を（う　　）と呼ぶが容量が異なり、ブルゴーニュ地方の

コート・ドール地区では228ℓ、ボジョレ地区は（え　　）ℓで、シャンパーニュ地方はこれよりも小さい（お　　）ℓを使っている。

3．ドイツのラインガウでは樽を（か　　）と呼び（き　　）ℓ、モーゼルでは（く　　）と呼び（け　　）ℓである。

（A）Barrique　（B）Piéce　（C）Stück　（D）Fuder　（E）185　（F）205　（G）216　（H）225
（I）256　（J）300　（K）500　（L）1000　（M）1200

⑤　次のワインの輸入と価格に関する言葉を説明している文を選びなさい。

①LCL　②B/L　③CFR　④ISW　⑤FCA　⑥IC　⑦Ex Works　⑧FCL

1．輸入価格に使われる言葉で、現地蔵出し価格、輸出港までの運賃、船積み輸出手続費用、海上運賃を合算した売買契約である。

2．直輸入通関のことで、輸入後すぐに納税し、輸入許可を受ける通関形態。

3．現地倉庫前渡価格、すなわち蔵出し価格を意味する。

4．船荷証券で、有価証券であるので重要である。

5．すぐには通関しないで、保税倉庫に荷物を入れた状態で輸入許可を取り、その後必要に応じて、関税を払い保税倉庫から国内荷物とする。

6．コンテナを丸ごと1本使っての輸入。

7．コンテナ1本満載になるほど商品が多くない場合は、他社の商品と一緒に混載される。

8．輸入価格に使われる言葉で、現地蔵出し価格、輸出港までの運賃だけを価格に反映させた売買契約である。

⑥　日本でワインを販売するためには法律で定められた内容を記載したステッカーを張らなくてはならない。誤っている文章を1つ選びなさい。

1．ステッカーには添加物の記載が必要で、二酸化硫黄（SO_2）、ソルビン酸はそれぞれ残留度の制限があるが、アスコルビン酸には無い。

2．果実酒類の品目表示でChablisは「果実酒」と表示する。

3．品名、原産国、容量は必ず必要である。

4．妊産婦の飲酒に対する注意事項は任意表示である。

5．ラベルに生産者、瓶詰業者の名前と住所が載っているので、輸入業者の名前と住所は必要ない。

6．ソルビン酸の許可量は0.2g/kg以下である。

⑦　次の1〜4は赤ワインの色調、A〜Dは白ワインの色調を表す言葉である。それぞれ最も若いものから最も熟成が進んだ表現の順に並べなさい。

1．Grenat　2．Rubis　3．Tuilé　4．Violet

A．Jaune vert　B．Jaune d'or　C．Ambré　D．Jaune citron

⑧ 次はワインの表現に使われるフランス語です。当てはまる日本語を選びなさい。

　　1．Jambes　2．Finesse　3．Corsé　4．Grenat　5．Velouté

（あ）上品な　（い）香り　（う）ビロードのような　（え）コルキー　（お）ガーネット色　（か）粘性
（き）こくのある　（く）なめし皮

⑨ 次のテイスティングまたは、ワインの特徴に関する記述の中で、正しいものには○を、誤っているものには×をつけなさい。

1．ワインをテイスティングする場合、基本的にサービスする温度より白ワインは低めに、赤ワインは高めに設定する。

2．テイスティングをする順序として、渋みの強い若い赤ワインより前に、甘口の白ワインを利くことが望ましい。

3．白ワインの色は通常、年月を経て濃くなることはまずなく、薄くなってゆく。

4．冷涼な地域で生産される赤ワインの方が、一般的に温暖な地域で生産される赤ワインよりアントシアニン分が多い。

5．赤ワインは熟成するにつれ、果実風味が薄れ、その代わりなめし皮、タバコ、紅茶などの香りが強くなる。

6．Cabernet Sauvignon は胡椒やインク、杉などの香りがあり、タンニン分、収斂性が強く、同じカベルネ系でも Cabernet Franc はカンゾウやカシスなどの香りがあり、タンニン分もおとなしい。

7．フランスの Vallée du Rhône 北部に代表される Syrah はスパイシーでチェリーやスミレの香りとタールや土の香りを感じ、タンニン、アルコール分も強くなるが、オーストラリアでは Gamay のように色の薄い、ストロベリーの香りを持つフレッシュなワインとなる。

⑩ 次の中から温度が与えるワインの味わいの違いについて、温度を上げた場合の記述として間違っているものを３つ選びなさい。

1．フレッシュ感が際立つ　　　2．香りの広がりが大きくなる　　　3．甘みが強くなる

4．酸味がよりシャープな印象になる　5．ふくよかなバランスとなる　6．苦味、渋みが強く感じられる

⑪ 次の中からワインの空気接触（開栓後）の効果として正しいものを３つ選びなさい。

1．還元による影響が強まる　　　2．第一アロマが上がる　　　3．第二アロマが上がる

4．樽香が強まる　　　　　　　5．複雑性が弱まる　　　　　6．渋みが心地よい印象となる

29. ワインのサービスと管理、ワインのテイスティング方法　解答

① 3．5．6．（順不同）
② 2．
③ 3．5．6．8．（順不同）
④ （あ）(A)　（い）(H)　（う）(B)　（え）(G)　（お）(F)　（か）(C)　（き）(M)　（く）(D)　（け）(L)
⑤ ①7．　②4．　③1．　④5．　⑤8．　⑥2．　⑦3．　⑧6．
⑥ 5．
⑦ 赤ワイン　4→2→1→3　白ワイン　A→D→B→C
⑧ 1．（か）　2．（あ）　3．（き）　4．（お）　5．（う）
⑨ 1．×　2．×　3．×　4．×　5．○　6．○　7．×
⑩ 1．4．6．（順不同）
⑪ 2．4．6．（順不同）

JSA ソムリエ・ワインエキスパート 対策模擬試験

模擬試験として作成しました。
「田辺由美の WINE BOOK」外の内容も含まれています。

1 日本の酒税法において、15℃の温度で測ったアルコール分の値が何度以上の飲料を酒類と定義しているか、次の中から一つ選んでください。

① 0.001度
② 0.01度
③ 0.1度
④ 1.0度

2 アメリン＆ウィンクラー博士によるワインの産地の気候区分で甲府はどの Region 区分に入るか、次の中から一つ選んでください。

① Region Ⅱ
② Region Ⅲ
③ Region Ⅳ
④ Region Ⅴ

3 ぶどうの中で最も酸が高い部分を、次の中から一つ選んでください。

① 種子の間
② 果皮の内側
③ 果肉
④ 果皮

4 ぶどうの生育サイクルにおいて、一般的に開花から収穫を迎えるまでの日数を、次の中から一つ選んでください。

① 50日
② 80日
③ 100日
④ 150日

5 ぶどうの生育サイクルにおいて、「結実」を表すフランス語を、次の中から一つ選んでください。

① Buttage
② Nouaison
③ Floraison
④ Véraison

6 次の図の仕立て方法の名称として適切なものを、次の中から一つ選んでください。

① ギヨー・サンプル
② ギヨー・ドゥーブル
③ ゴブレ
④ コルドン

7 次の説明に当てはまるぶどうの病害を、一つ選んでください。

「ぶどう果実が軟化する頃から多く発病し、完熟期に被害は最大となる。日本ではぶどう病害被害中最大のもの」

① Pourriture Grise

② Oïdium

③ Mildiou

④ Ripe rot

8 ワイン醸造において「清澄化」を意味するフランス語を、次の中から一つ選んでください。

① Chaptalisation

② Macération

③ Ouillage

④ Collage

9 次のスパークリングワインに関する説明に当てはまる製造方法を、一つ選んでください。

「いったん瓶内二次発酵させた二酸化炭素含有のワインを、加圧式のタンクに移し、冷却・濾過してから新しいボトルに詰め替える方式」

① Méthode charmat

② Méthode de transfert

③ Méthode rurale

④ Gazéifié

10 ボルドーで伝統的に国際的なワインの取引に使われていた Tonneau は Barrique の何樽分を指すか、次の中から一つ選んでください。

① 2樽

② 4樽

③ 6樽

④ 8樽

11 収穫したぶどう果房を−7℃以下の冷凍庫で冷却し、凍結した「果実」を圧搾することによって糖度の高い果汁を得る方法を、次の中から一つ選んでください。

① Macération finale à chaud

② Osmose inverse

③ Micro-oxygénation

④ Cryo-extraction

12 O.I.V. 統計による国別ワイン消費量において、世界で最も消費総量の多い国を、次の中から一つ選んでください。

① フランス

② イタリア

③ チリ

④ アメリカ

13　ビールの製造工程で、ホップを加えるタイミングとして正しいものを、次の中から一つ選んでください。

①　焙燥の時
②　麦芽粉砕の時
③　煮沸の時
④　発酵の時

14　5大ウイスキーの中から、大麦麦芽ととうもろこしを51％以上とライ麦や小麦を一部使用し、華やかで厚みがあるオークの香味が強いウイスキーのタイプを、次の中から一つ選んでください。

①　アイリッシュ・モルト
②　カナディアン・フレーバリング
③　アメリカン・バーボン
④　アイリッシュ・ポットスティル

15　CognacのA.O.P.でFine Champagneの説明として正しいものを、次の中から一つ選んでください。

①　ヴァン・ムスーの調整に使用するアルコール度80 ～ 85度のCognac
②　Borderiesのぶどうだけを原料に造られるCognac
③　50％以上のGrande Champagneと残りPetite Champagneの原料を混合するCognac
④　収穫翌年の4月1日から起算する熟成年で、熟成が4年の「コント4」のCognac

16　Calvadosの原料となるリンゴのタイプは2種類に分けられるが、この中で「酸味豊かな」タイプを、次の中から一つ選んでください。

①　Amère
②　Phénolique
③　Douces
④　Acidulée

17　フランスのアルプス山麓ヴォワロンの修道院で1605年に誕生以来現在も造られ、VerteとJauneの種類があるリキュールの名前を、次の中から一つ選んでください。

①　Chartreuse
②　Bénédictine
③　Quinquina
④　Sambuca

18　Tequilaに使用できる竜舌蘭の種類を、次の中から一つ選んでください。

①　Agave azul tequilana weber
②　Agave angustifolia
③　Agave asperrima
④　Agave salmiana

19　中国酒の紹興酒が属するカテゴリーを、次の中から一つ選んでください。

① 白酒
② 青酒
③ 黄酒
④ 赤酒

20　日本のぶどう栽培において、一般的に採用されている伝統的な仕立て方法を、次の中から一つ選んでください。

① 垣根仕立て
② 棒仕立て
③ 株仕立て
④ 棚仕立て

21　日本のワイン原料用ぶどうの受け入れ数量において、国際品種で最も受入数量が多い黒ぶどう品種を、次の中から一つ選んでください。

① Cabernet Sauvignon
② Merlot
③ Syrah
④ Pinot Noir

22　長野県の東御市が属するワインバレーを、次の中から一つ選んでください。

① 千曲川ワインバレー
② 日本アルプスワインバレー
③ 天竜川ワインバレー
④ 桔梗ヶ原ワインバレー

23　日本で交配されたぶどう品種で川上善兵衛が交配した白ワイン用品種を、次の中から一つ選んでください。

① レッド・ミルレンニューム
② デラウェア
③ ベーリー・アリカントA
④ リースリング・リオン

24　山形県で受入数量が最も多い品種を、次の中から一つ選んでください。

① 甲州
② ナイアガラ
③ シャルドネ
④ デラウェア

25　日本で消費されるワインのうち「日本ワイン」が占める割合に最も近いものを、次の中から一つ選んでください。

① 約5％
② 約10％
③ 約15％
④ 約20％

26 次の日本ワインに関する記述が正しい場合は①を、間違っている場合は②を選んでください。

「日本ワインの産地として地理的表示 GI が認められている産地は、『山梨』と『北海道』のみ」

① 正

② 誤

27 南アフリカにおいてワインが初めて造られた年月日を、次の中から一つ選んでください。

① 1659年2月2日

② 1669年2月2日

③ 1679年2月2日

④ 1689年2月2日

28 次の南アフリカの WO で、Coastal Region の District（地区）ではない産地を一つ選んでください。

① Stellenbosch

② Paarl

③ Cape Town

④ Elgin

29 南アフリカで、高地の石灰や塩分を含む土壌で栽培される Chardonnay や、最近では「キャップ・クラシック」でも定評のある産地を、次の中から一つ選んでください。

① Worcester

② Breedekloof

③ Wellington

④ Robertson

30 アルゼンチンで栽培面積が最も大きい黒ぶどう品種を、次の中から一つ選んでください。

① Syrah

② Bonarda

③ Marbec

④ Tempranillo

31 アルゼンチンの説明で誤っているものを、次の中から一つ選んでください。

① 南部のパタゴニア地方では、冷涼な気候に合わせて、Sauvignon Blanc や Pinot Noir、Sparkling wine も生産されている

② アンデス山脈から吹く乾燥した暖かい風を Zonda 風と呼ぶ

③ ぶどう栽培は3000m級の高地にもある

④ 1550年代、最初に入ってきた品種はスペイン人宣教師によって持ち込まれた、Tempranillo である

32 オーストラリアでは欧州連合（EC）向け輸出の増加を背景にGI制度が制定されました。制定された年を、次の中から一つ選んでください。

① 1973年
② 1983年
③ 1993年
④ 2003年

33 「オーストラリアのワイン用ぶどう栽培の父」と形容される人物を、次の中から一つ選んでください。

① ハロルド・オルモ
② ジェームズ・バズビー
③ ロバート・モンダヴィ
④ ジョン・レイネル

34 オーストラリアで最も栽培面積が大きい白ぶどう品種を、次の中から一つ選んでください。

① Sauvignon Blanc
② Semillon
③ Chardonnay
④ Shiraz

35 オーストラリアのCoonawarraやライムストーン・コーストの鉄分を含んだ赤土の表土とその下に広がる石灰岩質ローム層の土壌を何というか、次の中から一つ選んでください。

① キンメリジャン
② スレート
③ トゥファ
④ テラロッサ

36 オーストラリアの産地で、GI Swan Districtが属する州を、次の中から一つ選んでください。

① South Australia
② Western Australia
③ Victoria
④ New South Wales

37 オーストラリアワイン産業の屋台骨を支える主要な大手ワイナリーの多くが醸造設備を構える産地を、次の中から一つ選んでください。

① Barossa Valley
② Yarra Valley
③ Coonawarra
④ Hunter

38 チリのワイナリー12社が、2009年11月に「ヴィーニョ VIGNO」を結成し、ラベルに共通のロゴマーク「VIGNO」を表示して販売を開始しました。このワインに使われている主要品種を、次の中から一つ選んでください。

① Pais

② Sauvignon Blanc

③ Carignan

④ Carmenère

39 次のチリワインに関する記述が正しい場合は①を、誤っている場合は②を選んでください。

「チリではSAGの指導監督のもと、国内販売向け、輸出向けともにワインはぶどう品種、収穫年ともにEUの規定に沿った85%以上を基準としている」

① 正

② 誤

40 チリでは2011年に従来の原産地呼称表記に、ぶどう産地を地図上で垂直に分けた二次的な産地表示ができるようになりました。D.O. San Antonio Valley が位置する二次的な産地を、次の中から一つ選んでください。

① Entre Cordilleras

② Andess

③ Costa

④ Secano Interior

41 アメリカにおいて、任意ではあるが、ボルドー原産のぶどう品種をブレンドしたボルドータイプの高品質ワインの呼称を、次の中から一つ選んでください。

① Estate Bottled

② Cult Wine

③ Meritage

④ Semi-Generic

42 アメリカのNapa Valley AVAにおいて、栽培面積が50%以上を占めるぶどう品種を、次の中から一つ選んでください。

① Cabernet Sauvignon

② Merlot

③ Sauvignon Blanc

④ Chardonnay

43 アメリカのCalifornia州のサン・パブロ湾に近い産地で、冷涼な海の影響を強く受け、ソノマ郡とナパ郡に跨るAVAを、次の中から一つ選んでください。

① St. Helena

② Calistoga

③ Carneros

④ Coombsville

44　次のアメリカのCalifornia州のAVAで、Central CoastのSan Luis Obiso CountryにあるAVAを、次の中から一つ選んでください。

① Paso Robles

② Santa Ynez Valley

③ Chalone

④ Mt. Harlan

45　アメリカにおいて「オレゴン・ピノ・ノワールの父」と呼ばれる人物を、次の中から一つ選んでください。

① ロバート・モンダヴィ

② ジョセフ・ドルーアン

③ ロバート・パーカー

④ デイヴィット・レット

46　アメリカのWashington州の州都シアトル近郊にあり、冷涼で降水量が多い海洋性気候のAVAを、次の中から一つ選んでください。

① Columbia Valley

② Yakima Valley

③ Puget Sound

④ Snipes Mountain

47　次の中から、アメリカのNew York州のAVAでないものを一つ選んでください。

① Long Island

② Finger Lakes

③ Lake Erie

④ Columbia Gorge

48　次のフランスに関する記述が正しい場合は①を、間違っている場合は②を選んでください。

「第一次大戦後、フランスでは粗悪なワインや産地偽装などの不正行為が横行し、これを規制するために1935年にA.O.C.が制定された。」

① 正

② 誤

49　地理的表示のないワイン「Vin de France」では品種名表示は任意で可能ですが、例外として表示が禁止されている品種を、次の中から一つ選んでください。

① Grenache

② Gewürztraminer

③ Pinot Noir

④ Pinot Blanc

50　次の中から、記述に該当するChampagneの工程を一つ選んでください。

「調合したワインに酵母と1ℓ当たり24gの糖を加え瓶詰めする」

① Dégorgement

② Tirage

③ Remuage

④ Dosage

51　Champagneにおいて、Côte des Blancs地区で主に栽培されているぶどう品種を、次の中から一つ選んでください。

① Pinot Blanc

② Meunier

③ Pinot Noir

④ Chardonnay

52　次の中から、ChampagneのValée de la Marne地区にあるGrand Cruの村を一つ選んでください。

① Aÿ

② Ambonnay

③ Chouilly

④ Oger

53　次のAlsaceに関する記述が正しい場合は①を、間違っている場合は②を選んでください。

「アルザス地方は、ヴォージュ山脈の西斜面にぶどう畑が位置し、距離にして170kmの帯状の産地である」

① 正

② 誤

54　A.O.C. Alsace Sélection de Grains Nobles Pinot Grisの収穫時の果汁糖度を、次の中から一つ選んでください。

① 244 g/ℓ

② 270 g/ℓ

③ 276 g/ℓ

④ 306 g/ℓ

55　次の中から、Crémant d'Alsaceの原料に使用できない品種を、一つ選んでください。

① Gewürztraminer

② Pinot Noir

③ Chardonnay

④ Pinot Blanc

56 ヨンヌ県において、赤ワインの生産が認められているA.O.C.を、次の中から一つ選んでください。

① Vezelay

② Irancy

③ Saint-Bris

④ Bourgogne Tonnerre

57 次のCôte de Nuits地区のGrand Cruの中から、最大面積のものを一つ選んでください。

① Clos de Tart

② La Grande Rue

③ Chambertin

④ Clos de Vougeot

58 A.O.C. Volnayの生産タイプを、次の中から一つ選んでください。

① 赤のみ

② 白のみ

③ 白・赤

④ 白・赤・ロゼ

59 次のA.O.C.の中からロゼの生産が許されていないワインを、一つ選んでください。

① Marsannay

② Maranges

③ Mâcon

④ Beaujolais

60 十字軍の時代にオーストリア又はハンガリーから渡来したとみられ、Vin Jauneに使われる品種を、次の中から一つ選んでください。

① Melon d'Arbois

② Savagnin

③ Poulsard

④ Trousseau

61 次のSavoieの説明で、正しいものを一つ選んでください。

① スイス、オーストリアと国境を接し、アルプス山脈の麓に位置するフランス東部のワイン産地

② Jacquèreは Savoie 地方で最も栽培面積の広い品種で、ほぼ半分を占める

③ Beaufortは Savoie 地方で生産されるウオッシュタイプのチーズ

④ Tomme de Savoieは Savoie 地方で生産される青カビタイプのチーズ

62 A.O.C.の規定により、Syrah 100%から赤ワインのみを造ることが義務付けられているVallée du Rhône地方のワインを、次の中から一つ選んでください。

① Saint-Joseph

② Condrieu

③ Châtillon-en-Diois

④ Cornas

63 2016年にA.O.C. Côte du Rhône Villageから独立したA.O.C. Cairanneの生産タイプを、次の中から一つ選んでください。

① 白のみ
② 赤のみ
③ 赤・白
④ 赤・白・ロゼ

64 次の中から、フランス南部の都市エク・サン・プロヴァンスに最も近いProvenceのA.O.C.を、一つ選んでください。

① Palette
② Les Baux de Provence
③ Bandol
④ Pierrevert

65 CorseのA.O.C.で、赤ワインの場合Nielluccioを90%以上使用することが義務付けられているワインを、次の中から一つ選んでください。

① Corse Calvi
② Ajaccio
③ Patrimonio
④ Corse Sartène

66 次の中から、Vins Doux NaturelsとVins de Liqueursの両方を造ることができるA.O.C.を一つ選んでください。

① Muscat de Frontignan
② Muscat de Mireval
③ Muscat de Lunel
④ Muscat de St Jean de Minervois

67 V.D.N. Banyuls Grand Cruの最低熟成期間を、次の中から一つ選んでください。

① 20ヶ月
② 30ヶ月
③ 40ヶ月
④ 50ヶ月

68 次のSud-Ouestのワインで、ワインの生産タイプが白（辛口）のA.O.C.を、一つ選んでください。

① Pacherenc du Vic Bilh
② Jurançon
③ Saussignac
④ Gaillac Premières Côtes

69 郷土料理Salmis de Palombe（もり鳩のサルミ）と合うワインを、産地を考慮し、次の中から一つ選んでください。

① Madiran
② Haut-Montravel
③ Chinon
④ Tavel

70 BordeauxのMédoc地区の赤ワインと、Sauternes & Barsac地区の甘口白ワインに対して、ナポレオン3世によって命じられた格付けの年号を、次の中から一つ選んでください。

① 1855年
② 1865年
③ 1875年
④ 1885年

71 Union des Cru Classée de Gravesにおいて白のみが認められているシャトーを、次の中から一つ選んでください。

① Château Haut-Brion
② Château Bouscaut
③ Château Couhins
④ Château Carbonnieux

72 Val de LoireのA.O.C. Chinonの生産タイプを、次の中から一つ選んでください。

① 白のみ
② 赤のみ
③ 赤・白
④ 赤・白・ロゼ

73 次のVal de Loireの説明で、正しいものを一つ選んでください。

① Coteaux de L'Aubanceは12世紀シトー派によって開墾されたサヴニエール村のA.O.C.で、現在はニコラ・ジョリー家の単独所有となっている
② Coteaux du Layonは甘口白ワインのA.O.C.で、レイヨン川の影響で朝霧が発生し、たびたび貴腐が生じる
③ Saumur-Champignyはトゥファの母岩を粘土石灰質の表土が覆う土壌で有名で、この土壌によってChenin Blancからフレッシュな白ワインが造られる
④ Rosé d'Anjou、Cabernet d'Anjou、Anjou Villagesは共にロゼのみのA.O.C.

74 イタリアで海に面している州を、次の中から一つ選んでください。

① Friuli-Venezia Giulia
② Valle d'Aosta
③ Piemonte
④ Trentino-Alto Adige

75 イタリアの黒ぶどうの栽培面積において、1位から5位に入っていないものを、次の中から一つ選んでください。

① Nebbiolo
② Merlot
③ Sangiovese
④ Barbera

76 Piemonte州において、生産タイプが赤・白ともに認められているD.O.P.（D.O.C.G.）を、次の中から一つ選んでください。

① Barbera d'Asti
② Gattinarra
③ Roero
④ Nizza

77 Veneto州のD.O.P.（D.O.C.G.）Amarone della Valpolicellaのワイン名にある「Amarone」はどのような意味があるか、次の中から一つ選んでください。

① 後味に残る甘味
② 後味に残る苦み
③ 後味に残る渋み
④ 後味に残る酸味

78 Toscana州の地図から、D.O.P.（D.O.C.G.）Brunello di Montalcinoの場所を、次の中から一つ選んでください。

① （①）
② （③）
③ （⑥）
④ （⑪）

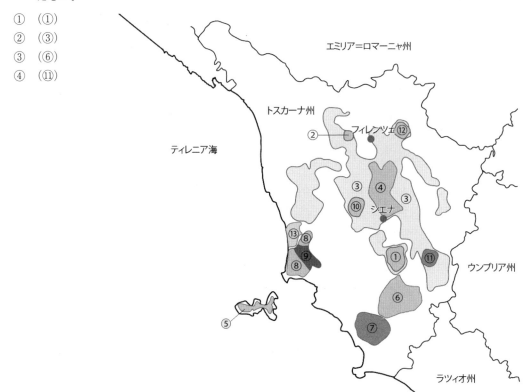

79 イタリアにおいて、ポンペイの遺跡、アマルフィ海岸、カプリ島などがあり、「ナポリを見てから死ね」
　　と呼ばれるほど景観が有名な州を、次の中から一つ選んでください。

① Puglia

② Sardegna

③ Lazio

④ Campania

80 イタリアでD.O.P.（D.O.C.G.）の数が最も多い州を、次の中から一つ選んでください。

① Toscana

② Piemonte

③ Veneto

④ Sicilia

81 ぶどう品種Gutedelのシノニムを、次の中から一つ選んでください。

① Chasselas

② Vernatsch

③ Ruländer

④ Elbling

82 2015年産からドイツ（特にPfalz、Rheinhessen、Franken）の若手のビオワイン生産者達が醸造して有
　　名となった、メトード・アンセストラル方式で造られるスパークリングワインを何というか、次の中か
　　ら一つ選んでください。

① Schaumwein

② Pét-Nat

③ Winzersekt

④ Sekt

83 ドイツで2番目に大きな生産地域で、温暖な気候の産地を、次の中から一つ選んでください。

① Pfalz

② Nahe

③ Rheinhessen

④ Mittelrhein

84 スペインのCavaに使用されるぶどう品種として認められていないものを、次の中から一つ選んでくださ
　　い。

① Airén

② Macabeo

③ Xarello

④ Parellada

85 スペインにおいて2009年に特選原産地呼称 D.O.Ca. に認定された産地を、次の中から一つ選んでください。

① Somontano

② Rioja

③ Ribera del Duero

④ Priorato

86 リオハ D.O.Ca. 委員会が2017 年に発表した規則改定によって、リオハのサブゾーンが変更されました。次の中から正しいものを、一つ選んでください。

① リオハ・アラベサがリオハ・オリエンタルと名前を変更した

② リオハ・アルタがリオハ・オリエンタルと名前を変更した

③ リオハ・バハがリオハ・オリエンタルと名前を変更した

④ 新たにリオハ・オリエンタルの地区ができた

87 熟成30年以上のSherryの認定シールに表示されるのはどれか、次の中から一つ選んでください。

① VOS（Very Old Sherry）

② VJI（Vinos de Jerez con Indicación）

③ VOS（Vinum Optimum Signatum）

④ VORS（Very Old Rare Sherry）

88 ブルガリアのワイン産地の説明に当てはまる地域名を、次の中から一つ選んでください。

「Rose Valleyがこの地域に統合され、その中のAsenovgradを中心とした産地は古来品種Mavrudの故郷としても知られている。」

① Danube Plain

② Struma River Valley

③ Black Sea

④ Thracian Valley

89 カナダのIce Wineに関する規定で誤っているものを、次の中から一つ選んでください。

① ラベルにヴィンテージを記載すること

② 樹上で凍ったぶどうを、外気温−8℃以下で収穫

③ ブリティッシュ・コロンビア州では残糖は100g/ℓ 以上であること

④ 使用できる品種はVidal、Niagara、認可されたVitis Vinifera種に限る

90 クロアチア南部に位置し、古代ギリシャ時代の考古学的遺物からも、クロアチアにおけるワインの生産ルーツとされている産地を、次の中から一つ選んでください。

① Pokuplje

② Hrvatsko Primorje

③ Centralna I Juzna Dalmacija

④ Slavonija

91 ジョージアのクヴェヴリに関する記述で間違っているものを、次の中から一つ選んでください。

① ワイン造りでは野生酵母を使用し、添加物は加えない
② 主要産地は黒海沿岸のKakheti地方
③ Kakhetiでは、Chachaと呼ばれる果汁、果皮、茎、種を一緒に発酵させる
④ オレンジワインの原点であり、ジョージアではこれらを「アンバーワイン」と呼ぶ

92 ギリシャのぶどう品種Xinomavroの「Xino」の意味を、次の中から一つ選んでください。

① タンニン
② 黒い
③ 苦み
④ 酸

93 次の説明に当てはまるハンガリーの産地名を、次の中から一つ選んでください。

「クロアチア国境近くのハンガリー最南端の産地で、1740年代にドイツ人入植者によりPortugieserがもたらされた」

① Sopron
② Balatonbográl
③ Badacsoni
④ Villány

94 次のルクセンブルクに関する記述で、正しい場合には①を、間違っている場合は②を選んでください。

「ワインの産地は、ドイツとの国境を流れるモーゼル川左岸で、南北約42kmにわたる地域。『シェンゲン条約』で知られるシェンゲン村が南端の産地で、フランスと国境を接する」

① 正
② 誤

95 モルドバ共和国において、プルカリという生産者が古くから守り続けてきたRară Neagrăが一番多く栽培されている産地を、次の中から一つ選んでください。

① Valul lui Traian
② Cricova
③ Codru
④ Ştefan-Vodă

96 ポルトガルのスタンダードタイプのMadeiraに使用される加熱装置の名称を、次の中から一つ選んでください。

① カダストロ
② カンテイロ
③ クーバ
④ エストゥファ

97 ポルトガルの白ぶどうで最も多く栽培されており、Maria Gomes とも呼ばれる品種を、次の中から一つ選んでください。

① Loureiro

② Arinto

③ Síria

④ Fernão Pires

98 ルーマニアの国土の中央を走る山脈の名称を、次の中から一つ選んでください。

① カルパチア山脈

② アルモリカン山脈

③ カンタブリア山脈

④ ピレネー山脈

99 1703年に英国がメシュエン条約を結んだ国を、次の中から一つ選んでください。

① フランス

② ポルトガル

③ スペイン

④ アメリカ合衆国

100 スロヴェニアにおいて、最も温暖で赤ワイン生産が半分近く占める産地を、次の中から一つ選んでください。

① Primorska

② Podravje

③ Posavj

④ Bela Krajina

101 スイスで Pinot Noir から造られる美しいロゼワイン Oeil de Perdrix 発祥の地を、次の中から一つ選んでください。

① Neuchâtel

② Genève

③ Vaud

④ Valais

102 次の中からウルグアイで栽培面積が最大のぶどう品種を、一つ選んでください。

① Merlot

② Ugni Blanc

③ Tannat

④ Cabernet Sauvignon

103 次のオーストリアワインの品質区分 Prädikatswein の中から、Strohwein の記述として正しいものを一つ選んでください。

① 通常よりも収穫期を遅らせた完熟ぶどうのみで造られる

② 貴腐ぶどう、または樹上で自然乾燥したぶどうのみを用いる

③ 収穫時、あるいはプレス時に凍結したぶどうを原料とする

④ 完熟したぶどうを藁（わら）、もしくは葦（あし）のマットの上で3ヶ月以上乾燥させ、糖度の高くなったぶどうで造るワイン

104 ニュージーランドで1995年まで最大生産量を誇っていたぶどう品種を、次の中から一つ選んでください。

① Müller-Thurgau
② Chardonnay
③ Chenin Blanc
④ Riesling

105 ニュージーランドにおいて、黒ぶどう品種で最も栽培面積が広いものを、次の中から一つ選んでください。

① Cabernet Sauvignon
② Pinot Noir
③ Merlot
④ Cabernet Franc

106 ワインのテイスティングにおいて、樽由来の香りに属さないものを、次の中から一つ選んでください。

① ヴァニラ
② ロースト
③ スパイス
④ フェノール

107 次の白ワインの官能表現チャート中（B）に該当する言葉を、次の中から一つ選んでください。

① バランス
② 甘み
③ 酸味
④ 苦み

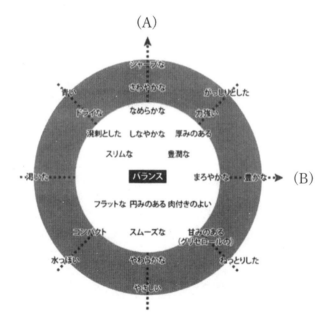

108 ワインのフレーバー・ホイールにおいて、「焦げ臭」として感じられる香りを、次の中から一つ選んでください。

① タバコ
② マッシュルーム
③ プラスチック
④ コーヒー

109 イタリア産チーズ Parmigiano Reggiano が作られる州名を、次の中から一つ選んでください。

① Toscana
② Lazio
③ Emilia Romagna
④ Piemonte

110 同じ州内で造られる Barolo と相乗するチーズを、次の中から一つ選んでください。

① Pecorino Toscana
② Taleggio
③ Asiago
④ Castelmagno

111 次の中から、シェーブルタイプ（山羊乳）のチーズを一つ選んでください。

① Mimolette
② Valençay
③ Brie de Meaux
④ Pont l'Évêque

112 「ボトルのステッカーは酒税法・食品衛生法などの規定、また税関の指導に基づき、輸入業者は規定の項目を適正な大きさの文字で明記し、ボトルに貼付しなければならない」と定められています。次の中から、ボトルのステッカーへの記載が任意のものを一つ選んでください。

① 原産国
② 有機等の表示
③ 酒類の品目
④ 容器の容量

113 ワイン輸送の際に船積み書類で、貨物が船会社に引き渡された際、運送契約の証明として船会社が発行する有価証券に該当するものを、次の中から一つ選んでください。

① FOB
② B/L
③ Invoice
④ L/C

114 食前酒に適するものを、次の中から一つ選んでください。

① Vintage Port
② Madeira
③ Drambuie
④ Suze

115 Champagneのボトルサイズで容量が9,000mℓのボトルの名称を、次の中から一つ選んでください。

① Magnum
② Balthazar
③ Salmanazar
④ Mathusalem

116 基本的な目安として、Bourgogneの赤ワインは何度でサービスすることが望ましいか、次の中から一つ選んでください。

①　8 〜 12℃
②　12 〜 14℃
③　16 〜 18℃
④　18 〜 20℃

117 日本酒の醸造で、原料の投入を分析し、適度な酵母の増殖を測りながら仕込みを進めていく方法を、次の中から一つ選んでください。

① 上槽
② 段掛け法
③ 山廃
④ 生酛

118 1938年、新潟県の農事試験場で「菊水×新200号」の交配により生み出され、「淡麗」という表現が生まれるきっかけとなった酒造好適米を、次の中から一つ選んでください。

① 五百万石
② 美山錦
③ 山田錦
④ 雄町

119 日本酒の地理的表示に関して、2005年12月に誕生したGIを、次の中から一つ選んでください。

① 白山
② 兵庫
③ 山形
④ 新潟

120 焼酎の有名な産地には、壱岐・球磨・琉球・薩摩があります。次の中から、地理的表示（GI）の説明で正しいものを、一つ選んでください。

① 壱岐・球磨の2産地のみがGIとして認定されている
② 壱岐・球磨・琉球の3産地のみがGIとして認定されている
③ 壱岐・球磨・琉球・薩摩の4産地全てがGIとして認定されている
④ どの産地もGIとして認定されていない

模 範 解 答

問題番号	解答番号	問題番号	解答番号	問題番号	解答番号	問題番号	解答番号	問題番号	解答番号
1	4	25	1	49	2	73	2	97	4
2	3	26	1	50	2	74	1	98	1
3	1	27	1	51	4	75	1	99	2
4	3	28	4	52	1	76	3	100	1
5	2	29	4	53	2	77	2	101	1
6	4	30	3	54	4	78	1	102	3
7	4	31	4	55	1	79	4	103	4
8	4	32	3	56	2	80	2	104	1
9	2	33	2	57	4	81	1	105	2
10	2	34	3	58	1	82	2	106	4
11	4	35	4	59	2	83	1	107	2
12	4	36	2	60	2	84	1	108	4
13	3	37	1	61	2	85	4	109	3
14	3	38	3	62	4	86	3	110	4
15	3	39	2	63	3	87	4	111	2
16	4	40	3	64	1	88	4	112	2
17	1	41	3	65	3	89	4	113	2
18	1	42	1	66	1	90	3	114	4
19	3	43	3	67	2	91	2	115	3
20	4	44	1	68	4	92	4	116	3
21	2	45	4	69	1	93	4	117	2
22	1	46	3	70	1	94	1	118	1
23	1	47	4	71	3	95	4	119	1
24	4	48	1	72	4	96	4	120	3

認定試験　受験の手引き

一般社団法人日本ソムリエ協会認定

ソムリエ、ワインエキスパート　受験の手引き

●日本ソムリエ協会（JSA）

ホテル・レストランの国際化に伴い1964年発足し、現在ソムリエを中心に、ワイン業界に携わる方、ワイン愛好者など、1万人以上の会員を有します。

一般社団法人日本ソムリエ協会東京本部事務所

〒101-0042 東京都千代田区神田東松下町17-3　JSAビル2F

電話　03（3256）2020　　FAX　03（3256）2022

支部は北海道から沖縄まで全国にあります。

●資格呼称の受験資格（2020年現在）

1．ソムリエ

協会会員	日本ソムリエ協会に入会後2年経過しており、現在アルコール飲料を扱う職務に従事している方
非会員	アルコール飲料を扱う職務に3年以上の実務経験があり、現在も従事している方

2．ワインエキスパート

協会会員・会員	ワインの品質判定に的確なる見識をお持ちの20歳以上の方。性別、職種は問わない

※2016年度より、ワインアドバイザーはソムリエに呼称を統合されました

●CBT方式による受験の事務的手続きと流れ

・2018年度より、一次試験はPCによる試験CBT方式を導入しました。

・下記は2020年度の手続きと受験までの流れです。

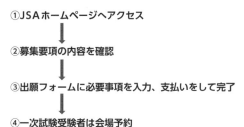

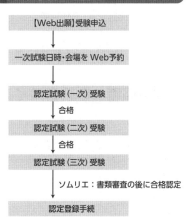

🍷 呼称試験受験者へのアドバイス ～ソムリエとワインエキスパート～

❶ 一次試験

●CBT方式とは？

・国家試験を含む多くの認定試験で採用されているCBT方式は、コンピューターを利用して実施する試験方法です。試験期間（7月20日～8月31日）であれば、受験生の都合に合わせて全国約200箇所の会場で受験することができます。
・試験期間に2回受験することができます。ただし、事前にWEB予約が必要です。
・いつ受験しても同じ難易度の問題が出題されるように設定されています。

●申し込みの流れ

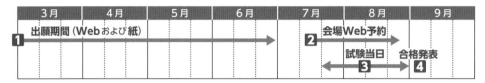

・詳細はソムリエ協会にお問い合わせ下さい。

●合格への指南

・CBT方式になれていない受験生が多く、結果合格率は以前よりも低くなりました。（推定）
・多くの問題をシャッフルし出題するため、問題が細部にわたり、幅広く問題が出ることが多くなりました。
・このことを解決する方法は、大切な箇所をきちんと勉強することです。それによって、合格ラインの点数を取ることができます。
・受験を志した以上は、合格がゴールです。先ずは勉強のスケジュールを立てることをお勧めします。
・問題に慣れるためには、「田辺由美のWINE NOTE2021」（飛鳥出版：本体価格2,600円）を「田辺由美のWINE BOOK2021」と併用してください。

❷ 二次試験と三次試験

●試験の内容

・二次試験は、ソムリエはブラインド・テイスティングと論述試験。エキスパートはブラインド・テイスティングのみが行われます。
・三次試験はデカンタージュの実技で、ソムリエ呼称のみが対象となります。

●合格への指南

・たくさんのワインを飲むことが大事ですが、試飲ワインの特徴や品種名をメモする習慣をつけてください。「田辺由美のWINE SCHOOL」では主要品種のみならず、最近の出題傾向に沿ったテイスティングを行い、スキルアップにコミットしています。
・デカンタージュはまずはコルク栓を正確に抜く練習をしてください。パニエに入れた状態でお客の前で抜栓することはソムリエのパフォーマンスでもあります。日頃からの練習が大切です。

🍷 呼称試験受験者へのアドバイス ～ソムリエ・エクセレンスとワインエキスパート・エクセレンス～

●受験資格

・ソムリエ・エクセレンスは資格認定後3年以上が経ち、アルコールを扱う職務の経験が10年以上あり、現在も従事していることが条件となります。
・ワインエキスパート・エクセレンスはワインエキスパート資格認定後5年目を迎える方で、年齢が30歳以上であることが条件となります。

●合格への指南

・試験内容は多岐に渡りますので、日頃よりワインに関する雑誌、特に「ソムリエ誌」を購読すること、WEBで新しい情報に敏感になっていることが大切です。
・原語での解答も多く求められます。毎日の勉強が試される、難易度の高い問題です。

2021年　ソムリエ・ワインエキスパート
田辺由美のWINE SCHOOL 通信講座

いつでも好きな時から始められる

🍷 **ワイン資格通信講座**　詳細は www.wincle.com　**Online セミナー**付き

● 毎月開講、好きな時に勉強が始められます。

● 集中的で効果的なプログラムを組んであります。

● Onlineセミナーで直接講師からの授業が受けられます。

● テキスト・問題を送付する添削形式、添削・解説を一人一人丁寧に、合格までサポートします。

● 受講期間は8か月（添削指導は8回）、自分のペースで勉強を進められます。

● 受験生のバイブル「田辺由美のWINE BOOK 2021」と通信講座用の特別テキスト（8冊）を使用します。

● この冊子を制覇すれば合格間違いなし！オリジナル受験対策冊子「重点項目集」が教材に含まれます。

● 添削問題返却時には、自習のしやすい模範解答と問題解説を送付します。

● 模範テイスティングコメント、テイスティングガイド付き赤・白のハーフボトル12本セットもあります。

● カリキュラム（全8回）

1	＊ガイダンス ＊ワイン概論 　ワインと酒類の分類、ぶどう栽培と品種、歴史、 　ワインの醸造方法	5	＊スペイン ＊ポルトガル ＊その他ヨーロッパのワイン産地
2	＊フランスI 　フランスワイン概論、ボルドー、ヴァル・ド・ロワール、 　プロヴァンス、コルス島、ラングドック＝ルーション、 　南西地方 ＊EUのワイン規定	6	＊ニューワールドI 　USA、カナダ、南アフリカ ＊初期のワイン産業の伝承
3	＊フランスII 　ブルゴーニュ、シャンパーニュ、ヴァレ・デュ・ローヌ、 　アルザス、ジュラ、サヴォワ	7	＊ニューワールドII 　オーストラリア、ニュージーランド、チリ、アルゼンチン ＊日本 ＊日本のワイナリー
4	＊イタリア ＊ドイツ ＊イタリアのDOP ＊ドイツの代表的畑名	8	＊スピリッツとリキュール ＊ワインと料理 　フランスとイタリアの料理とワイン、チーズとワイン ＊ワインの管理とサービス ＊テイスティング

※カリキュラムを一部変更する場合があります。

募集要項　※詳細はHPでご確認ください。

一次試験対策講座　※A、B共に「田辺由美のWINE BOOK2021」、オリジナル受験対策冊子『重点項目集』付き！

＊通信テキストは担当講師による丁寧な添削指導（8回）、添削問題返却時には自習のしやすい模範解答と問題解説を送付

＊2021年度新登場！　田辺由美校長自ら教鞭を執るオンライン講座の視聴を開始します！　カテゴリー別に15本のオンライン講座（各回40～60分を予定）を好きなときに視聴可能！

A：「田辺由美のWINE BOOK2021」＋通信テキスト（8冊）＋『田辺由美校長によるオンライン講座視聴』＋『重点項目集』
　　＝ 90,000円（税別）

B：「田辺由美のWINE BOOK2021」＋『田辺由美校長によるオンライン講座視聴』（カテゴリー別：15本）＋『重点項目集』
　　＝ 50,000円（税別）

・講座終了時に修了証を発行します。

・2021年１月より随時開講、毎月15日までの申し込みで翌月からスタート

二次試験対策講座　※Aコース受講の方はC、またはDコース価格より5,000円引きにて受講できます！

＊ハーフボトルセット（白６本・赤６本）は田辺由美校長監修の模範テイスティングコメント、ガイド付き

＊オンライン講座は「田辺由美のWINE SCHOOL」講師によるテイスティング指導

＊ソムリエ資格受験者対象の論述試験対策として、『田辺由美のWINE SCHOOL』オリジナル「論述模擬問題集」もご用意！

C：テイスティングワイン（ハーフ12本）＋『オンライン講座視聴（2本）』＋ 論述模擬問題集＝　45,000円（税別）

D：テイスティングワイン（ハーフ12本）＋『オンライン講座視聴（2本）』＝　　　　　　　　　40,000円（税別）

E（A＋C）：＝　　　　　　　　　　　　　　　　　　　　　　　　　　　　　　　　130,000円（税別）

F（A＋D）：＝　　　　　　　　　　　　　　　　　　　　　　　　　　　　　　　　125,000円（税別）

・2021年度の一次試験実施前（５～６月）にワイン・資料の発送を予定しています。

田辺 由美
Yumi Tanabe

- JSA 認定 シニア・ソムリエ
- 田辺由美の WINE SCHOOL 主宰
  www.wincle.com

北海道池田町（十勝ワイン産地）生まれ。父は「十勝ワイン」の発案者で、元池田町町長・元参議院議員の丸谷金保（2014 年 6 月没）。津田塾大学数学科卒後、アメリカ合衆国ニューヨーク州コーネル大学にてワインの知識と経験を積み、1986年ワインアンドワインカルチャー株式会社設立、1992 年「田辺由美の WINE SCHOOL」を立上げる。多くのソムリエを育て、延べ生徒数は 1 万人を超える。一方、日本を代表するワイン専門家の一人として世界のワイン産地を訪れ、ワインコラムの連載、ワイン関係の著作など執筆活動も積極的に行い、2009 年には長年の功績が認められフランス政府より「フランス農事功労章」を授与される。

2015 年北海道道庁主催「北海道ワインアカデミー」の名誉校長、2018 年十勝総合振興局「ワインアカデミー十勝」名誉校長を拝命。2015 年 12 月、一般社団法人日本ソムリエ協会より「名誉ソムリエ」を受章。親子 2 代の受章は初めて。

2014 年に女性の視点からワインを審査する "SAKURA" Japan Women's Wine Awards（通称：サクラアワード）を立ち上げ、新たな啓蒙活動を始める。尚、活躍の場はワインにとどまることなく、チーズや食に関する造詣も深く、「ワインと合う料理」のセレクションを手掛けるなど多岐に渡っている。

著書に「田辺由美のワインブック」「田辺由美のワインノート」「〜十勝の宝石〜由美ちゃん、ワイン造るの？」（共に飛鳥出版）、「南アフリカワインのすべて」（ワイン王国）等多数

ワインアンドワインカルチャー株式会社
〒 107-0052 東京都港区赤坂 4-13-5
赤坂オフィスハイツ
TEL 03-6229-1727
FAX 03-5570-4341
www.wincle.com
E-mail info-school@wincle.com

表紙 相原昌一郎

ソムリエ、ワインエキスパート認定試験合格のための問題と解説

2021 年版

田辺由美のワインノート

- **著 者** 田辺 由美
  © 1994 Yumi Tanabe
- **発行日** 1995 年 4 月 30 日 初版発行
  2020 年 12 月 10 日 改訂版発行
- **発行者** 太田和伸
- **発売元** 飛鳥出版株式会社
  〒 101-0021
  東京都千代田区外神田 3 - 3 - 5
  ☎ 03 (3526) 2070
- **印刷・製本** 富士美術印刷株式会社
- **郵便振替番号** 00160-5-56292

＊定価は裏表紙に表示してあります